绿书

周重林 著

周重林的茶世界

U0390834

海峡出版发行集团 | 鹭江出版社

与周重林书

两年前的这个时候，周重林和李乐骏合著的《茶叶江山》出版。这本书缘起于2013年末，老周跟我聊天，抱怨说《茶叶战争》反响那么好，这本书最初还是不好出。有编辑说首印3000册，还提出来一堆附加条件，把他气坏了。那时候，他的《茶业复兴》自媒体刚刚开始启动，只有他自己全职，支离子做兼职，年底我还给他写了篇文章，以表支持。

现在回想起来，那时候的我和他，都处在新生活的前夜。虽然过去的成绩还算不错，也面临着巨大的变化，和茫茫不可知的未来。那时候，《茶叶战争》已经出版，市场和口碑都很好。他刚刚从云南大学茶马古道文化研究所离职创业——三十出头已经混到了研究员这个级别，洗牌重新开始，这无疑需要很大的勇气。我从业到了第六个年头，也有了一定行业资历，正酝酿着离职，换一个平台。

年后大概4月份，我和《东方历史评论》的主编李礼，在王琼的和静园，和老周见了一面。当时他应该是来北京参加中华茶馆联盟的一个会议，满屋子人都记不清谁是谁。没一会儿，他就带着一帮人呼啸而去，留下我和李礼，以及张简之——后来我们成为很好的朋友，甚至可以说她是改变我命运的人，这也是我要感谢老周的地方。不久后我去北大社工作，也就签了《茶叶江山》——我对这个人有信心，虽然还是草稿，这肯定是一本三万册以上的书。果然，出来后这本书成为年度热门事件，拿了不少奖，三四十个版本在市面流通。

所以，我朋友圈里的周重林是个双面人。一个老周经常飞机晚点，频频出入北上广的各种豪华酒店，喜欢交朋友，也愿意夸赞、成就朋友，在人群中吹牛吹得口水满天飞；转过身，另一个老周从街头小店钻出来，擦擦嘴角的洋芋，转身上楼看书写作到深夜，独享安然自足的孤独。两个不同调的世界里，老周自如的穿梭毫无违和感，这让我想起赫拉巴尔。在《过于喧嚣的孤独》一书中，赫拉巴尔说：基本上我是一个乐观主义的悲观者和一个悲观主义的乐观者，我是双重的、两面墙的，有着拉伯雷式的笑和赫拉克利特式的哭。

如果在研究所一直混下去，老周迟早能混成一个带头大哥式的学霸。他其实挺适合做学术的，勤奋而敏感，对材料有着饥渴的占有欲，也有足够的问题意识，而且清晰明白自己擅长做什么。他出来了，江湖上多了一个锥子周。回归到更本质的写作者的身份，他也足够勤奋——略一估算，他每年写作的字数在30万字以上，还不算《绿书》这种零碎文章。要知道，大多数时间他不是在飞机上，就是在接客中。

作为一个苛刻的编辑，我经常批评老周，说他的东西太糙，应该精益求精。《茶叶战争》改版前，寄了一本我看过的给他，里面折了三四十页修改意见。其实论勤奋程度，我拍马难及老周。他阅读量大，眼光敏锐，从根底上说是一个纯粹朴实的读书人。他对自我的认知足够清晰，所以时常享受花天酒地的生活，却不会忘记自己的来处和归处。世界那么大，他去看看而已。我也自诩读书人，写作上却懒惰异常，能拖拖能躲躲，一年能有个几万字就谢天谢地，还是被追着赶着才行。

我的作者，似乎都有这种对事的精诚态度。比如身居美国的历史学家许倬云先生、《梁启超传》作者解玺璋老师等，都是天分很高又极其勤奋严谨的人。

《茶叶江山》出版后，老周来北京做活动。有两件事我印象很深刻：其一，是我安排给他的住宿，就是一家快捷酒店，老周非常淡定——他做过出版，能体谅；其二，我们一起在北大社印刷厂签书，半天多他就着盒饭签了两千本。这是个单调而辛苦的活儿，谁签谁知道。不过，老周将其看作和读者沟通的一个方式，毫无怨言。年初我和王琼见面，她对老周最赞不绝口的一点也是：他可以在茶博会从头蹲到尾，就是为了接待闻讯而来的读者。

老周对读者的尊重，也赢得了丰厚的回报：图书销售，成为《茶业复兴》主要的盈利模式之一。经常见到老周一下飞机就奔办公室——又有很多读者等着收他的签名本，得签了赶紧发出去。前几天老周跟我讲，参加一个茶博会一口气卖了几千本《茶叶战争》，回家立马又收到数千册订单。这话听得我一阵忧伤——要是《绿书》早点出来多好。

老周有个习惯：随时在朋友圈直播自己的生活，点评朋友，也发布自己电光火石的想法。加上他各地演讲的文稿、近年写就的文章，就是这本《绿书》。所以，我给它加了一个副书名：周重林的茶世界。我们商量好，六月份书出来，结果直接拖到了年底。很多读者对此失望，老周也感觉对不起读者，很有压力。

本来我觉得，这种事情随缘，晚点就晚点。被他这么催了几次，也就催出来几丝罪恶感。于是，努力克服懒癌，写了这篇文章。这就是，我不得不如此吹捧，或贬损他的理由之所在。

2016 年 10 月 29 日，冯俊文写定于碧桂园芷兰湾

第二章　茶叶谣言

这部分文字，是我个人最私人化表达的部分，属于日记体。有太多嬉怒笑骂，有太多黑朋友以及被朋友黑的地方，堪称『毁三观』升级版。我写的大部分场景，就在你我身边。这个章节三万多字，写了几百个人、上百种茶，是本书最大的看点。

因为我口无遮拦，请各位见谅。

第三章　茶人列传

瞎说之后，还是要正经一些。写卢铸勋与熟茶，厘清了熟茶发展史上最关键的部分。以后但凡要谈熟茶史的，这篇文章绕不过。写胡适与茶的故事，我花了大半年的时间阅读，又花了一个月将其写出来。这是我写得最用心的文字，茶叶视角中，一个时代的文采风流。写陶行知，他的茶叶教育理念在当下依旧有价值；他写的对联，现在也是茶业复兴的对联：嘻嘻哈哈喝茶，叽叽咕咕谈心。

目录

第一章

装装茶人

这部分文字，呈现了茶罕见的一面：好玩。人玩茶，还是被茶玩，都是娱乐的一部分。我常说，国人最不会玩。而以玩的方式和心态来对待茶，可以把茶变得轻盈，更有吸引力。其中一些篇章，比如「茶界暗黑势力——大师」，引发了很多人「对号入座」的讨论。也是这些文字，开启了茶界旷日持久的关于各种「装」的讨论。现在，你可以看到它们的全貌。大体而言，这些文字有些「毁三观」。

第五章　与茶艳遇

2016年，我开始了『茶叶世界观』的思考，总结的就是我过去三年的行走以及所得。所到之处，都有当地人分享与交流，这是有声和互动的部分，是我与团队一起在努力创建、描摹的世界。行程25万公里，走遍大江南北。我看到茶人的努力，看到了希望，自己也变得温良恭顺。是的，茶改变了我！

这大约是授人以渔的部分，对茶行业写作者和从业者来说，最有价值。如果我们真的要喝这碗茶，怎么喝才有滋味？这里面有我最私人的经验。其实，在这部分我也回答了一个问题：一个穷屌丝，是怎么通过写茶『致富』的。这部分，结合第二章看会更有意思，它从另一个角度展示了我的『朋友圈』。

第一章 装装茶人

这部分文字，呈现了茶罕见的一面：好玩。

人玩茶，还是被茶玩，都是娱乐的一部分。

我常说，国人最不会玩，而以玩的方式和

心态来对待茶，可以把茶变得轻盈。更有

吸引力。其中一些篇章，比如"茶界暗黑

势力——大师"，引发了很多人"对号入

座"的讨论，也是这些文字，开启了茶界

旷日持久的关于各种"装"的讨论。现在，

你可以看到它们的全貌。大体而言，这些

文字有些"毁三观"。

茶树的阴面与阳面

茶山三要素：少、贵、久。

绝对不要谈普洱茶三大茶区（普洱、临沧、西双版纳），六大茶山（易武、莽枝、倚邦、革登、蛮砖、攸乐），现在连小屁孩都会背了。

要想控住气场，非得这样不可："老班章村长今年送来的新茶，他自己都舍不得喝，毕竟那棵大茶树，一年至多采五斤。"

这话不能接，别人要是问，回一句"要谈多少钱就俗了"。而且，一个连老班章的市场价都不知道的人，配喝这稀有的茶吗？更不能问"怎么那么大的茶树只能采五斤"——茶采多了伤茶树啊！

这还不是标准答案，要是恰好也有人带了点冰岛茶来给你鉴赏——

照例，开泡之前，有许多问题，但只需要一个就足够杀敌。

"是阴面还是阳面？"

"……"

"这茶采的是茶树向阳面还是背阴面？"

"……"

答不上来就对了。

这个时候，就可以从身后杂乱的茶柜抽出一块茶砖，"让你们见识见识，四十多年的茶是什么滋味。"这个时候的笑容，绝对要莫测高深。别人想买块回去学习学习，你要大声惊呼："一块？知不知道这个茶砖全世界存量不超过三块，能闻到香味就不错了。"

终于可以喝茶了。

一个特牛的人会自己泡茶吗？不会。要是你连个泡茶小弟、小妹都没有，怎么能混出个名堂来？

你的任务只能是评点、引导，即便是茶泡得不好，也是小弟小妹不熟悉茶性使然，跟你没有关系。

口诀也是有的：香气靠冲，颜色靠吊，茶气嘛，靠绕了。

发了霉的港仓普洱茶，一定要先用热气蒸蒸，美名曰"去味"，来点橄榄炭烧起，名曰"增香"。这个时候千万不能点香，那是土八路干的事情，凡事过了就"夺味"了。

谈到日本生铁壶的时候，要感慨几句："日本的老铁壶都被中国人买光了。"再加一句"兄弟我在日本的时候"，会有加分。说说可以，但千万不要写生铁壶可以让云南高原水温达到100摄氏度，万一被方舟子看见就麻烦了。

宋代兔毫盏那是传说，明代青花瓷那是歌，清代的曼生壶，有的也是仿品。不妨不妨，其他名家壶辗转到你手上的还是有几把的，其中最关键的是养了多久——那种不泡茶也能在五米开外闻到茶香的就足够，况且，现在谁不认识几个景德镇工艺大师啊。周高起推崇的大家要时刻提起，咱喝的是明茶氛围，千万不要穿越到清代啊，弄出一个王世襄的清代，就和韩寒没有什么区别了。

茶桌，当然是黄花梨、紫檀木、老鸡翅木这个级别的。

能喝出山头、年份的人，最早是张岱；能品出水不同的人，更早，叫陆羽。

你不是"张羽"再生，至少那刻他们要灵魂附体。熟背中国工业区的分布，其方圆百公里的水不能点到，重点选有雪山背景的矿泉水。说茶"回甘""滋津"是你的事情吗？不是。你要说"舌底鸣泉""禅茶一味""人淡如菊"，最后回到"人心惟危，道心惟微"上。

"张羽"是一个不错的绰号，在茶界，没有个号怎么混？某某斋（堂）主人，某某协会会长，某某泡手，某某品鉴师，不能老是茶痴、茶怪、茶疯子乱下去……

你现在明白了，喝茶其实与茶没有多少关系，长物志而已，比的是谁拥有的长物多而已。

如何伪装成一个茶专家

终于有个机会，你可以陪同一个老板去见另一个老板。

俩老板一见面，不说茶，先摸摸手，看看胸，以及随身的手串、珠子什么。蜜蜡、海黄什么的别人不会有兴趣，要是犀牛角，啧啧，还是亚洲的；天珠，还是某仁波切戴了二十年的。

坐下来，照例抄抄经书，《心经》来个七八遍，微微出汗，这个时候就可以喝茶啦！但急不得，要把橄榄炭火烧起，某传承人的炉子余光处都会流油，京都拍卖行买的老铁壶性子更慢，台湾名家（必须是晓芳）的瓷器一一摆开，巴马水漱漱口，日式空间有了氤氲曼妙味道，什么母树大红袍、龙井十八棵都是序曲，最后出场的是千年古茶树单株。

这种茶树得 GPS 坐标定位，多少人才可以合抱，树冠超过航母，要用直升机才可以上去采摘，这不是梦话。

另一个不甘示弱，圈了几百平方公里茶山，修建了多少古茶园，建了多少间一入门就会做梦的房间。每一棵树都可以从出芽监控到采摘，而每一饼茶从入库开始，就拥有了全数据监测。什么时候好喝，什么时候开仓，都有据可依。

于是，两人就儿茶素、茶黄素、氨基酸、花青素进行了一番讨论，又对有益菌种做了全面分析——你在一边露出了敬仰表情，原来老板真不是俗人，是科学家呢！

死磨硬磨，好不容易，人家终于可以卖一饼曼松给你。心里乐开了花，但你还是底气不足，只有带去找另一位专家鉴别。

专家懒都懒得打开，散散地说道："曼松、冰岛、老班章、昔归已经沦落为四大俗了，满大街都是，不说也罢。不用喝啦，喝了怕满嘴起泡，你没有看到，以前我只用来漱口，现在只泡脚了。"

确实，桌子上有许多打着曼松字号的茶。你辩解——是某某亲自做的，据说是某某亲自采摘。专家再次淡定地说："我还亲自看到茶农先把茶叶挂到树上，再上去取下来呢。"

专家也有签名画押的产品，同样死磨硬磨，分了点给你带回家。刚好来了朋友，你可以炫耀一番。朋友以更淡定的口吻告诉你："这茶我有，其实很多家都有。"朋友意味深长地告诉你："这专家是专家，但是种植专家、绿茶专家，不是普洱茶专家啊。"

再说了，要是他的名字能卖钱，早发达了，用得着到处跑场赚小钱吗？给条活路行不？这一来一往花费也不少了，虽说不心疼，但不能把自己当傻子不是。朋友介绍说："某某不错，人家不为了钱，大老板，茶所得收入，都是捐给寺院的。"

你留了心眼——哪个寺院，哪个上师，哪个老板，问得仔细。艾玛，这老板不是曾经拜访过的那位吗？再问老板有多大？

结果却大跌眼镜，敢情这哥们都把钱花在看得见的地方了。自己喝茶，不过是脱脱俗气，但脱了俗气的人，眼睛都盯着钱包呢。

于是你找到了伪专家周重林，写下了这篇文字。他宣称，友情价，一个字五千元。

上了茶山才发现，公主、王子遍地皆是，简直与我们日常帅哥美女称谓不相上下。随便巴掌大一块地方，都会是贡茶的正宗产地。有了自拍神器，颜值不再是问题；有了美图秀秀，肤黑成为历史。

2015年，茶山不再只是与茶艳遇，还与人艳遇。胆敢在陌陌上露个脸，在微博上发个牢骚，在微信晒个图，马上就会被一大群公主与王子捕获。这茶，这蜂蜜，这走地鸡不动心，但那人是不是可以见见呢？

人一定要见。买几斤茶，就可以把随身带着的××茶基地牌子在人家茶园挂上，还可以帮着日常维护，至于说，照片与人的差距，没有人会关心啰。

认养几棵古茶树，茶山有基地，有初制所。有没有牌子挂在茶山，信心指数截然不同，不然怎么可以笑话那些拉着一车人民币上山收茶的人？

上茶山要怎么秀才有格调

但公主、王子多的地方，干活的人自然少了。

开车，自己来。采茶，自己来。炒茶，自己来。挂牌，当然自己来。就连泡茶，还是自己来。于是，茶界有了"自干茶"——这意思就是，公主、王子只是茶树的看护者，我才是茶的收割者。

什么都是亲自，什么都要亲历，这才是纯，配得上纯料茶。

与往年不同，到茶山一日游，认识当地人已经略显气场不足，怎么也要住上十天半月，待上一个完整的采摘季。biangbiang声就更多啦，走村串巷，王子、公主——标记好，七大姑八大爷家连预约都不用，推门而入就能舀到新鲜出锅的鸡汤。如果能当场记得小孩与老人的年岁，会加分。

这个时候，拍照需谨慎，要避开热门人家以及热门区域还有热门大茶树，弄不好自己才PS好，信号一延迟，别人早就满朋友圈刷爆了。要是能去徒步三小时左右的地方，那里别说摩托车了，就是步行还要登山杖撑着，走一趟流汗超过两斤以上。远离人间烟火，随时会被大雨袭击，偶尔来场冰雹，能在瞬间击穿帐篷，再来一阵大风——眼看着破帐篷被风吹走，欲哭无泪，但为了茶，值啊！无此不足以证明我对茶有多么热爱，无此热爱不足以打动人，不打动人怎么完成销售？

一到采茶季，茶山上人头涌动，不是夫钱、夫茶，就是夫人脉，
虽然采茶有些女孩子，只是静静的，沐浴春天的气息。

李安儿／供图

茶山的故事是茶山的，我的故事才是我的，没有你的参与，这个故事再好也没有用。找到信号，发个微信，最好带着已经支付的支付宝或微信截屏，过十分钟再统一回复：售罄！

我周边有一个群体，以到处喝茶为乐。因为他们以飞机为主要交通方式，我便给他们取了一个名字："飞泡一族"。国内有点名气的地方，什么虎跑泉啦、庐山泉啦……西湖边、珠江边、青海湖边……苍山、泰山、终南山、峨眉山……一律在名单上画了钩。

有一次因为要去甘肃康县某地喝茶，我从西安下了飞机，踏上到略阳的火车，坐船过嘉陵江，打了摩托车，最后坐上小巴抵达目的地。

如果考虑到之前我骑马上鸡足山，还坐过轿子的话，那么一周之内，我体验了几乎所有的交通方式。

因为有这些"飞泡"存在，我时常一个月都回不了家，从成都到重庆，从重庆到福州，之后厦门、南昌、杭州……想来2013年，我在昆明的时间不足一月，而所到之

装土豪飞行喝茶记

地，往往待不上三四天。许多茶喝之前也只闻其名未见其身：龙须茶、火涌青、珠茶、杆杆茶、蒲公英茶、面茶……

中国有上万种茶，一个人即便每天喝十种，也要三年时间才能尝尽。我曾经立志要喝遍天下茶，后来不得不自嘲一番。至于那些跑到日本找茶的糗事，简直是惨不忍睹了，人家一家公司就做了上万种茶品。

喝茶我更喜欢简单一点，带上茶，一个空杯。因为有低压反应，也会把茶膏带着，在飞机降落时，嚼嚼茶膏来舒缓下耳朵的失聪和耳鸣。但身边那些过分讲究的朋友却不那么看，他们到高海拔区域，会带上日本铁壶，一个大箱子里，全是各种茶器。

随身带一个水质监测仪器，算是比较省心的，最过分的是那种还随身空运水的。有一次在宾馆刚住下，朋友便惊呼道："这里的 TDS 值这么高，怎么能泡茶啊？"拿起手机便要求同事速递矿泉水。三四年前，我这个朋友还随身带着象牙小秤，以便掌控投茶量，后来那杆价值不菲的玩意丢了后，他只好随身带着电子秤。

携带的茶也起码有十几种，老白茶啊，老岩茶啊，老普洱茶啊，专业的茶袋密封。在他未遭数次打劫之前，我尚能看到完整的茶型，现在只能看到他按照行程准备的茶量。

如果说一个人带着电磁炉也罢了，四五个人都带的话，最悲剧的就是宾馆。提供不了充足电量，宾馆只好专门分配出一个服务员，来回送水。因为这样，他们甚至研究出来，哪个牌子的行李箱，最适合装这些物件。

所以，在我美名曰"飞泡"的背后，其实是一系列累赘。但长物于人，与性情有着莫大干系，也许我们在喝茶的时候，一定还有别的什么东西在吸引我们。

茶界暗黑势力——大师

大师爱收徒，走到哪都有弟子，各种花团簇拥，尽是顶礼膜拜。

他亲民，不设门槛，来者不拒，钱够就行。

钱少的学茶艺，钱多的学茶气，出钱最多的，可以做关门弟子。

大师上知天文，下知地理，随便拿出一饼茶，走奇经八脉是小事，重点是打通任督二脉，开天眼。当然，价格也不菲。茶有七八十年是低调说法，他只有夜深人静才会倾吐："要八百一千年的也有。"

大师喜欢谈自己的诸多"第一"，第一个发现××茶啦，第一个发明了××泡法啦，第一个……坐拥"第一"是大师最大的存在感。

大师喜欢挑毛病，怎么都不满意。不满意才是大师。你用盖碗泡茶，他会说不如紫砂壶出味。你用紫砂壶泡，他说你选

茶界大师们上知天文下知地理，谈水源、论茶器、吹海拔，却没注意这样一棵长满青苔的茶树都没见过。

的水不够好。你选了他所言的水，他又说烧水的壶有问题。好不容易，你弄来一把铁壶，他又说海拔和气候都会影响水温。

总之，还是不满意。

他再次来的时候，你按照他的要求全部到位，他又说泡茶的时辰不对——申时要泡什么茶，子时要泡什么茶。好了，你终于坐不住，花了大把银子，请大师坐台。

大师还未泡，就告诉你这茶生长的海拔，如何费力得到。好不容易，出了一汤，你都等得口干舌燥，但只是闻香。你说起一大堆香气，都不对，内心已经焦躁不安。你刚接杯，大师告诉你不要急于下咽，于是茶水在嘴里来回打转。接着大师会告诉你看看手心，摸摸背，揩揩额头。喝茶像蒸桑拿，出一身汗才好。最好还能打几个饱嗝，高呼几声快哉快哉。

出汗最多的，成了"大湿胸"。最后大师说，用我的茶，就不必考虑那么多要素啦。

"我的茶，只要一万两千八。"

只会泡茶的大师只能是茶艺师。

写得出老干体、亮得出书法、喊得出响彻云霄的口号的，才是德艺双馨的大师。

台上大师声音洪亮，台下弟子热泪盈眶。

手可没闲着，笔记本又记满十几页。

大师一坐下，众弟子捏脚的捏脚，松肩的松肩；不得近身伺候的倒也不无妨，一边烧水泡茶，好不忙碌。

大师轻抿几口，随手抹了抹额头，才想起刚好有位弟子已经提前用热毛巾揩过汗，大师微笑着点了头。

另一边，桌上湖州笔、徽州墨、宣州纸、歙州砚已经备齐。

大师写字，运笔飞速，一气呵成。

新入门小徒忍不住带头喝彩，众人皆欢呼。大师问："这幅字好在何处？"

小徒答曰："每一个字都与另一个字不

大师养成记

一样。"

大师内心大惊，脸上却不动声色，向众人笑道："我之前一直想把甲骨文、石鼓文、金文融会贯通，但苦于以前没有'茶'这个字，也没有找到'禅'字，故颇费工夫，没有想到今日却灵光一闪，攻破难题。"

此语一出，众弟子皆惊——难道师父写的居然是"禅茶一味"？

大师意犹未尽，又提起笔，这次用了楷书，大家可以一句一句念出来了：

钟灵毓秀处，

秀色可餐茶，

皆因弟子故，

明年好出书。

近身弟子附议道："观当今茶界，勤奋如吾师者，凤毛麟角。每日都有佳作，每年都有大作出版。"他又对同行言道："追随师父以来，耳提面命、言传身教姑且不说，师父为吾等子弟殚精竭虑，主编之书，都许可弟子参编署名，名利俱全，他日功德圆满，必不负教诲。"

听到师父又要出书，弟子们纷纷争着抢着出功德钱。

大师笔耕不辍，十余年来著作等身。虽每年都宣称封笔，但奈何不了弟子们苦苦哀求，全集之后，又出增补，增补之后，再出增补，增补完后再修订。书越来越多，为了方便提携，专门做了木箱规整，书架上一摆，气势非凡。

这架势，堪比乾隆写书数量。

有弟子议道："时常翻书毕竟不便，喝茶时、开车时，总不能读书吧？老师可以出一些音频、视频，我们分开时，也有些念想。"

大师觉得不错，又觉得整日聒噪不免流俗，这天天看天天听，见到真人难免会打折扣，不如……

不如作一首歌词？

大师才思泉涌，坐在太师椅上拍着扶手清唱起来：

你是一朵花，

我是一位咖，

我们是一家，

跟我人人发。

众弟子再次如痴如醉，这世间，还有这样德艺双馨的人吗？

茶界暗黑势力——茶混

对于茶混，我的朋友小蛋糕有个形象的比喻：有一条狗，老在门外狂吠，怎么打都不走。给它茶汤，它又不喝。后来，丢根骨头给它，它摇着尾巴就走了。但没有几天，它又回来狂吠，为了不听那刺耳的狗叫，你只有不停给它喂食。

这总不是办法啊。只有拿起棍子，打断它狗腿，它自己啃自己骨头就好。

狗又不爱茶，在茶界混着干吗？图吃个骨头呗。

茶混不爱茶，故总是宣布自己独立。讨骨头路上，也在大户门楣下躲过雨，茅屋院中吃过大餐。所以，他知道叫声不同，会有不同效果。他劝大户：天天山珍海味太腻，不如来点青菜豆腐，其乐融融。他劝农户：终日萝卜酸菜，来点野味城里人会喜欢。

茶混把这个叫差异化思维，立志要把梳

子卖给秃驴，至于卖不卖得掉，他才不管呢。他只是告诉你他在墙外套骨头的经验，屋里是什么情况，他从来不知。

也有人会被叫声吸引，丢了一根骨头出来。就在茶混要接的时候，说时迟那时快，又不知从哪里窜出另一个茶混，叼着骨头跑了。原来，在讨骨头路上，茶混结识了同伴。说好一起分，没有想到喜事近时裆中软啊，终究还是让人夺食。

茶混只有四处散播其他茶混不仗义不道德的行径，也对布施者怀恨在心，以前是谁不给食咬谁，现在是谁不给独食咬谁。诸君，会有人说：要是大家都不给食物，他是不是又得自己舔了？必须啊。

他会否认茶界所做的努力，"中国茶界不行""中国茶人不行"，接着他会说，"××企业不行"，或者"××企业××不行"，这种差评模式思路就是诱惑你看，你听，潜台词是："请我看家吧，我行滴。"刚好有些打酱油路过的人，居然听出了些个道道，刚好口袋里有几根骨头，于是结伴前行——谁曾想，才走到半路，就只有拆自己骨头伺候了。

茶人是怎么被坑到玛咖圈的

第一次听闻玛咖，是 2010 年去丽江开茶马古道学术会议。

丽江大文豪夫巴请客吃饭，选了一个丽江本地菜馆，菜难吃得今天想起来都心惊肉跳：你把青头菌与鸡枞炒成一个味也就罢了，但那天的菜，却把猪肉与青头菌炒成了一个味道！夫巴老师见群众意见大，尤其是丽江土司后代木霁弘老师以及全国十大杰出点菜师杨海潮在座，有点挂不住，但丽江厨艺水平嘛……大家想想算了。

可是夫巴老师不甘心啊，他顿了顿说："等等，有好货。"他下楼，出门，打开后备厢，飞速上楼后，给我们带了两款"臻品"：蚂蚁酒与玛咖酒。这酒吧，"滋阴壮阳"，夫巴说。但余光处，都是老男人几枚，他又强调："壮阳效果好。"

我们看着他，居然就信了。

几年前，夫巴打造束河，死活把这个不毛之地弄成艳遇之都。他还参与了这个什么丽江 LV 的红谷皮具品牌打造，非常成功。我现在用的钱包也受其蛊惑，我信朋友。

再后来，也是在束河龙潭闲逛，偶遇昔年普洱茶四大才子年汪波。二人打照面后都暗自一惊，因为前方只有一个美女，她看起来很需要帮助的样子，我们都准备去帮忙。略去两百字不表。哥们告诉我，现在在丽江做玛咖，"比哪啥普洱茶强多了，你说喝茶越喝越清心寡欲，哪有玛咖实在？"

这我也信。性在推动人类原动力的层面上，绝对可以排到前三位。中国人吸食鸦片，不就是因为其有效吗？人参因为有奇效，一度被王宫贵族垄断。

就这样，我第一次吃口含玛咖的经历送给了汪波——你看，这些人，先搞一个艳遇出来，再把补品弄出来，产业链好完整。

第三次，是春节，去找聂玉霞玩，昆明最好玩的张三也在，他大谈自己年近耳顺之际，连续一周天天向上，都得益于玛咖。聂姐一脸坏笑看着他，又看看我，然后对我说："你这个年纪不用吃也可以吧？"我一阵那个羞涩啊。但张三老师义正词严地指出："玛咖可以抗疲劳，我这样喜欢开车到处玩的，提神多重要啊。"

我看着他，也信了。

于是，我家又多了一瓶玛咖。

第四次，又拜聂姐之约。今年6月在竹里馆吃饭，与聂姐、昆明四大才子之六李都就如何拯救文艺女青年交流了一番。后来来了位成都飞侠孙勇飞，说是在香格里拉开了农庄，种植玛咖。尼玛，又是玛咖啊！！！

到底我周边有多少人在从事玛咖工作，怎么感觉比普洱茶还多？哥们名片写着某地产公司老总，业务遍布全球。我看着冷笑不已，敢情房地产太不好做了，不然谁卖玛咖？

但飞侠又是一脸严肃地说："像我们这样的商务人士，终日在城市间穿梭，又天天泡茶水、酒水，来点玛咖，会好睡觉，补充精力啊。"

你看，都是为我好。

喜欢玛咖其实有好处。某一次吃饭，我拿出老孙送的玛咖与诸君分享。朋友一看，乐了，马上拨通电话，叫来一位卖玛咖香艳女子，训斥道："你要是有周老师一半的口才，我早就是玛咖的受益者了。"

敢情我也把人拉下水了。

09

一·好约

没有泡不到的茶艺师。

颜值再高、段位再冷的茶艺师，你都一定有与她共处一室并把她眉毛头发看够的机会。约泡本来是茶艺师的工作，你不用担心会被拒绝。在其他场合，"泡"好难开口，但在茶艺师的道场，"泡"乃是一种境界。

二·多省

省钱。省时间。省心。

茶艺师都喜欢素颜，必需的防晒霜、保湿水自己就可以打点，高档香水更不会进入到茶艺圈。

她们不会缠着你去逛奢侈品店，她们喜欢的棉麻布衣，在任何一家ShoppingMall

找茶艺师做女朋友的八个好处

都买不到。

她们更没有时间来烦你，她们沉浸在自己一壶一茶的世界，还怕你打扰呢。

把约会过成约泡，茶艺师都有自己的道场，这不，连约会的空间费都省了。

三·清净

茶艺师练就了非凡的嗅觉，野生菌有没有毒，她闻闻就知道，免去了中毒的可能。

茶艺师明察秋毫，轻轻一瞥，菜馆饭碗哪怕是多了一尘土，她都能快速发现。

茶艺师听惯了古琴尺八之类，你也用不着担心她会拉着你听"中国好声音"，更不会打开"芒果台"。你可以独享电视剧，看你的足球赛。

更重要的是，她能把你的狗窝收拾得一尘不染，干净到连你老妈都服。

四·友众

每一位茶艺师，都是交际大家。

颜值再高、段位再冷的茶艺师，你都一定有与她共处一室并把她眉毛头发看够的机会——即使她叫雪莉。

雪莉/供图

你坐在家里，就可以了解武夷山的三坑两涧、西双版纳的六大茶山。

各地山珍源源不断涌入，李哥方割下的景迈山野生蜂蜜，张姐才脱皮的漾濞核桃，赵叔亲自烘焙的云南鲜花饼，王妈精制的建水豆腐干，李嫂从珠峰带回来的冰川水，刘伯在日本南部淘到的铁壶，杨总的景德镇柴烧的口杯，钱董马来西亚定制的海贝茶针，周老师亲自设计的茶服……

想想很爽是不是，赶紧行动吧……

五 · 勤快

动手动脚是茶艺师工作的核心，亲力亲为是她们的惯性，修身修心是她们的圭臬。

她们倒腾的还不只是茶与茶具，还有花与花具、香与香具。

茶艺师不仅要收拾看得到的物品，还要收拾看不到的内心。

六 · 健康

茶艺师饮食以清淡或素食为主，你不用担心吃到注水肉，更不会有僵尸凤爪。

人家早瑜伽晚打坐，忙完茶室忙家务，一天下来，汗水流得比茶水还多。

安静下来，不是在写毛笔字，就是在读经文，真是从内到外都透露着健康气息。

你要是心塞想吐槽，她也发挥得出"茶言观色"的本领，保证你在几杯热茶过后，早把烦恼抛诸脑后。

七·多艺

茶艺师那双手，上得了茶树，撬得动茶饼，泡得了茶，提得起毛笔，插得了花，点得出香。

在舞台上身段妖娆，在茶台前稳如磐石。

可以大声砍茶价，可以曼声说茶韵。

你以为她是一位软妹子，有时却是女汉子。

你以为她是茶妹子，可是她偏偏又是出色的文字工作者。

我认识的一位，早上在茶山做导游，中午在舞台跳舞，晚饭后泡茶，半夜在过道相遇时，人家刚编辑完第二天要发的微刊。

八·高颜值，带仙气

不多说，你懂的……

黄茶去绿茶家串门，发现白茶也在。

便提议斗地主。

白茶冷冷地说，我们约好了。

下围棋。

一会儿，黑茶也来了。

黄茶又提议：

这回可以打麻将了吧?

黑茶冷冷地说：

我们约好了斗地主。

黄茶看了他们半秒，

说我有事，先走。

红茶到绿茶家，发现绿茶躺在大浴缸里。

赶紧劝他，你娃泡那么大缸，太伤身体。

绿茶乜斜着红茶说，

凭什么我现在只能躺在玻璃瓶里?

六大茶类串门记

好歹哥也是待过壶啊、盏啊、瓷啊的？

红茶跟着摇头叹息说，其实我也不好过，

动不动就被人家三温暖了。

刚在沸水里走一圈，转眼就丢到冰箱里，

好不容易出来，又被牛奶呛个半死，

还被一个啥器皿来回倒腾。

绿茶说，那个怕是叫咖啡机。

白茶去逛街，遇到乌龙茶。

乌龙茶很热情地与他握手说，

普洱兄弟你这些年不错啊，

腰围越来越圆、身板结实不说，

还赚得盆满钵满。

白茶刚想解释，

发现普洱茶不知什么时候也来到身边。

普洱茶也握着白茶手说，兄弟您撇面化妆后，

我居然都认不出来了。

白茶泪奔而去。

在演讲中，黑茶说，我有金花护体。

下面一阵骚动。

我也有金花，白茶嘀咕。

我也有金花，乌龙茶小心翼翼。

我也有金花，普洱茶声嘶力竭。

我快有金花了，绿茶充满期待。

我同样要有金花了，黄茶默默地说。

普洱茶生病了，躺在病榻上。

有些话一直想说，终于有机会说出来。

他对绿茶说，有人说我与你同宗，

但你又不认我。

他对黑茶说，有人说我与你同宗，

但你又不认我。

他对白茶说，你倒是很认我，

这些年一直在学我。

他对乌龙茶说，谢谢你这些年的谦让，

让我成长起来。

黄茶想说话，普洱茶却说，
对你还没有什么好说的。

红茶出差去了英国。
进了远房公主茶杯，
为国捐躯。

11

时间又进入到茶山季。

从杭州、祁门、庐山、武夷山、太姥山、蒙顶山，到云南各大山头，都已经人群扎堆，照片满屏。就连不怎么知名的康县茶山，也有不少人流连忘返。茶山季总是制造了无数的幻象，茶叶唾手可得，美景一拍入内存。

身份也一天三换，早上是茶农，中午是茶商，晚上是居士。

对入行不久的茶友或小茶商来说，上茶山突显的是占有欲以及被信任感。直接到知名的冰岛、班章、龙井、蒙顶山晒一组图，认识一个村民，比认识当地一位省长意义要大得多。

你想想，仅仅几张照片，一段文字，一块牌子，几个人就可以宣布对一个区域的所有权，还有比这更好的广告效应吗？

过去的数年，我们目睹了班章村民，到

国内一线城市周游，住豪华酒店，出没顶级会所，鲜花以及欢迎条幅开道，身边永远簇拥着一群顶礼膜拜的人。许多人短暂地忘记，他们一个月的工资，甚至买不到这里一公斤茶叶。

从宋代开始，先人就努力把茶从厨房带进书房，让茶在与柴米油盐匹配的同时，也可以与琴棋书画并肩，他们是想用茶香驱逐那些近乎奢靡的气味，强调自己也有圣洁的一面。明人的努力今天看起来是一场笑话，今人多数不过是照猫画虎，用明式家具建造了一个空间，放进了几片茶而已。老子说，我们不是盖房子，其实是为了里面的空间。但是，这个空间你不盖房子，它也同样存在。

茶山是一个巨大的空间，各种初制所，各种企业牌匾形成的主权势力范围，很容易被"我与茶树有张合影""我与茶农很熟悉"消解，更不用说那些用成捆的人民币换来一箩茶的任性分子——想想吧，还有多少八缸汽车的马达声在茶山嘶鸣不已？

我们往往会困惑，我们当初爱上茶的初衷是什么。你才摸到老茶的脉，市场上已经流行喝鲜；你才喝上鲜，才发现有了古茶树；好不容易弄来古树，却发现大家都在玩单株，连称斤卖都多余，人家都在一根根数……

茶业深处大变局时代，不破不立，然而构建一种新的秩序需要漫长的时间。因为，我也加入到茶山破坏者的行列。

杯笔晓人

去喝酒，我有我的理由。

总有人说，有人的地方就有江湖。我却不这么看，有酒的地方才有江湖，没有酒，谈不成是非，江湖也来得没有理由。这样的江湖，我找了好多年。我也醉过别的酒馆，就在不远的翠湖边，但那里有那里的江湖，酒在杯中，江湖却很遥远。

只是在中国酒馆，自己是不会醉的，因为总有人比你先醉。

酒馆有联云：桃李春风一壶酒；江湖夜雨十年灯。汪波说，有十年尽情喝酒，人生足矣。我却觉得十年太短，十年中，有两年等人，两年等酒，三年等倒酒，只有三年在醉。十多年来，为自己凑足了几个字：不成大器非为宿命只因懒，要做丈夫既贪诗酒也恋花。借得雷平阳的存酒——70度的昭通酒，我们在烈火红唇中开始神游八荒。

古龙的江湖在人性，最可怕的人就是你朋友，你没有理由不醉，你也没有理由醉。楚留香、沈浪、小李飞刀、陆小凤，总是想醉而不得，那是古龙的悲哀。古龙之酒，在其怜，不在其好。

金庸也有酒，喝者如令狐冲者，宛如牛饮，令其心疼；萧峰者，本来豪迈，酒如水般下肚，然势态发展，偏偏惹出诸多民族国家事端，最后国不为国，情不为情，横死他乡。纵有美酒又有何用？金庸智近狡，酒多玩弄。

据徐掌柜说，沧浪客已光顾过酒馆，未醉时留下一句，"一剑平江湖"。徐掌柜想了几天没有想出上句来。多次与沧浪客吃酒，每每皆是带着微醉而来，也有数次只谈茶事，不谈酒事。少年时，夜看沧浪客江湖道系列，那江湖便由《一剑平江湖》起，只是今日，在此变成了结。

在座，倪涛放言，酒馆之性格，以"盘是非"三字足匹配。他留有一联：无诗不碍好风景；有酒得当地行仙。此君有"五美"流传江湖：美酒、美食、美文、美声、美女。数年中，幸得以参与前四者。是非与风月，诗耶？仙耶？酒中有知己，嘴边话东西。

下了小吉坡，入了《普洱》杂志。上了小吉坡，进了中国酒馆。温瑶开始以水代酒，后以酒代水，觥筹错，文路轻，自下酒馆一杯明。与汪波多次相聚，茶水多于酒水，今日却杯中有酒，心中亦有酒。托老雷那70度的酒，喝得火从心中起，烈焰上红唇。我寻酒馆，酒馆等我，文章自古多豪气，江湖从此弄风波。还是汪波总结：杯笔晓人。

丁亥年四月初三，财神在正西方向，酒鬼在中国酒馆。

第二章 — 茶叶谣言

这部分文字，是我个人最私人化表达的部分，属于日记体。有太多嬉怒笑骂，有太多黑朋友以及被朋友黑的地方，堪称「毁三观」升级版。我写的大部分场景，就在你我身边。这个章节三万多字，写了几百个人、上百种茶，是本书最大的看点。因为我口无遮拦，请各位见谅。

001- 除了做茶的人，没有人会懂这款茶。所谓懂，只是概率事件。要求喝茶人了解茶的全部的人，肯定是喝太多农残超标的茶。茶离开制茶人，就与这个母体无关。所谓懂，是别人表达出你想说的而已，这只是一个言辞技巧问题。所谓懂茶，不过是运气问题。

002- 要了解茶是什么，首先要了解茶不是什么。茶不是咖啡，不是酒，不是可乐，不是药店里的保健品。有选择比没有选择好。喝什么茶，用什么器，选什么水，穿什么衣，干卿何事？茶与儒释道没有一毛钱关系，有关系的是你的认知与行为。

003- 你可以穿着西服正襟危坐地喝茶，当然也可以穿着茶服喝茶。选择即排斥，分类有时候加前缀，绿茶、红茶、普洱茶……有时候加后缀，茶人、茶党、茶文化……越分类越复杂。也有简单的，"吃茶去""粗茶淡饭""禅茶一味"，换个场合会是"阿弥陀佛"之类。

004-"白茶为什么不是红茶与绿茶"这类问题，有笑点，也有发人深思的地方。喝茶的人没有必要知道六大类，没有必要读书，知道《茶叶战争》又不会涨工资。

005- "茶气"就像"人气""剑气"一样，有时候超火爆，有时候没有，这取决于谁在引导，以及被引导的是谁。茶疯子、茶痴、茶怪、茶仙，只是一种修辞，拉的是人气，不是茶气。

006- 选择一款茶忠贞不渝，比择偶难得多。按照茶人守则修行，是为自己带上枷锁，钥匙永远在别人手上。嘴巴的味道远不及心底的味道重要。人为主，茶为客，是茶人。反之，是茶奴。

007- 我们喝茶的时候，大部分时间都在谈与茶无关的事。你所能见的茶叶世家，有时候只有一代。那种把自己做茶世家上溯到隋唐的人，百分百是喝了太多农残超标的茶，甚至他自己的茶就是如此。

008- 沱茶以前叫姑娘茶，隐晦说法是姑娘采摘，其实不是啊！这个沱茶样子像乳房，它另一个称号"私房茶"进一步解释了这一点。"西施壶"，完整的称呼应该是"西施乳壶"，简称"西施"或"西施乳"。不是只有山里人会玩，城里人也会呢。如果用西施壶泡沱茶，那该是瞬间体验人生巅峰了吧。

009- 茶老到一个阶段，工艺带来的香气与滋味就会消退，只有树种本身的香气与滋味在。这就是为何喝老六堡与老普洱会是一个味道的主因，任何一种茶，到最后只有木头味。人为干预的老茶不在此列。

010- 天天说立顿好的人，一杯立顿茶也不消费。天天吹星巴克牛×的人，从来也没有去排过队。天天说你书不错的人，往往都在等着你送。好听的话仅仅是好听，过了就过了，那些掏腰包的人，才是你最应该关心的。

011- 有日光，未必有暖意。有才气，未必有才子气。有侠义心，量力而行。不能诗，有诗肠。不能酒，有酒态。能喝茶，才可成痴。

012- 街坊。昨天一个女孩拦住另一个女孩，问她手上的书《云南茶生活百科全书》在哪里买，一个女孩带着另一个女孩穿过一栋房子来到我们办公室。我王旗营老房子楼下就是云牧茶业，刘总买了六本，她的小伙伴买了三本，他们之前不知道。新家对面，陈升茶业店买了一本。这些书没有快递，岳父说，去认识认识邻居。书就是见面礼。

013- 微刊取个《茶业复兴》的名字，经常被当作国家茶业局局长，问你怎么不来搞绿茶、乌龙茶？取个《茶叶江山》的书名，又被追着问云南、青海怎么就江山了？《茶叶战争》最多的问题是，《货币战争》面临的模仿版？现在卖《云南茶生活百科全书》，又有人说，怎么不问问我的意见？

014-《场景革命》开篇即是现象级的方所，我想说，饮茶就是当下最日常的场景。我渴望有一个方所级的空间。有书有茶，这也是我对 teabank 青睐有加的主因。各种总都在背书单，许多书店得以存活。读书会不再作秀，认真读书的人越来越多。认真喝茶的人不少，但他们太孤单，缺少一个场景连接。

015- 茯茶的"茯"字，最初写作"附"，就是非正品。茯茶选料多用质地很老的茶叶，加上茶梗与枝叶拼配。陈化后性温，有着独特的营养价值，有助于消化去腻。历史上，茶到了陕西被重新压制打包，泾阳茯茶因集散地得名，与普洱茶一样。茯茶再次变成重要茶产业，毕竟有一个明代的茶盛世参照。

确实，这了《茶叶战争》不亚于上卷。这了《茶叶□□□□□□
□□为□□□□□□多。但是我们□□□□□□□□□"，
□□□□□□□□□□　□□，□□□□□□，□□□□□
□《茶□□□》□□□□□□□。

016- 贵烟把烟与酒结合，烟带酒味，特点鲜明。挂耳咖啡，在五米外都能闻到香味。茶必须送到唇边，过了喉才有感知。一群人喝茶，最受伤的是厕所。一群人抽烟，最受伤的是眼睛。植物在竞争，人在跨界，这才刚刚开始。

017-"嗜好品的创新与颠覆"。烟酒茶咖啡这些嗜好品／成瘾品，陶醉的价值被无限放大。也许，我们常问，"为何吸烟有害健康""茶有益健康"，但"有益的就卖不过有害的"，我们是否要思考新的传播策略？三十年酒入贵烟，猜猜抽几支会醉驾？

018- 茶是越讲越有趣，越谈越觉得知识不足。宋聘号专场，听杨凯谈号记茶历史，听施继泉谈一个商标的语法，听老聂谈茶借玉书写，听到李扬不断更新知识体系……这是普普通通的一天，这是不同寻常的一天。既要发现不同，又要发现相同。

019- 品浓香铁观音，喝浓香酒，抽浓香烟，我们要面对国人口感变重的事实。第一波拉动饮食重口味的，是重庆火锅与川菜，后来的湘菜也是。吃在广东，但清淡的广东菜并没有完成全国征伐。但烟酒茶重味开启的，是更大的风尚。茶的老味道流行，就是重口味的新趋势。再比如，雪茄的流行。

020-《琅琊榜》里的茶具、衣服很好看，但好看有用吗？只端着杯子，连茶的名字都不敢说，是不熟悉呢，还是没有拉到赞助啊？

021- 福琼记录了 19 世纪 40 年代的饮茶观念。当时最好的绿茶在徽州地区，松萝茶为代表。红茶最好的是武夷山小种茶。饮茶人习惯把绿茶的第一泡倒掉，"头道姑娘二道茶"，为了保持绿茶不变坏、不变色，茶农于是加了滑石粉。好看的东西，不一定好喝。

022- 民国年间的茶包装，尺度很大啊。泳装、吊带，现在的老板敢用吗？我们一说茶，就要把茶放在一个优雅得不能再优雅的环境里，汉服把人包裹得手指都伸不出来，又言必称盛唐、宋明；难道民国就不是遗产？

023- 茶在东莞是真融到生活。去好几个地方吃饭，都可以看到之前在茶馆才遇到的泡茶工具，有一家甚至用价格不菲的泡茶器具，改装一套也得近千元。他们不提供廉价茶水，客人可以自带茶，开始自己的茶生活。

024- 昨天一朋友找我推荐书，推荐茶，我对他的转变有些奇怪，他倒是说：现在可能是装高雅，但形成习惯后就不是装了。即便是装，也比被别人叫土豪要强啊。读书喝茶往深里说，都与习惯有关。但自己起点太低了，只能把书从金庸、古龙看起，网络小说还是太粗鄙。在手机上看了许多，慢慢不喜欢了。然。

025- 与唐若望讨论红茶为何是 black tea，他说以前福建出口乌龙茶之故。乌就是黑。我补充说，以前红茶就叫乌龙茶。其实今天，很少有人会说我喝青茶。青茶的命名是一个失败案例。

026- 普洱茶在宁波挺火，各种形态都有，茶膏、饼茶、老茶。昌宁的、普洱的、临沧的、版纳的全在。哎，易佑的才在昆明喝，凤凰窝刚刚火，都在这里流行了。茶膏刚降价，这里就铺满。昔诺白天是女汉子，晚上是软妹子。

027- 冒着大太阳走到办公室，上天桥时偶遇大学校友，他很大声地把我叫到他的宝马前，嘘寒问暖，满是悲悯。"你怎么还走路上班呢？" 2003 年，罗江文老师也这样问，他立即把他正在骑的自行车送给我。今天没有收到宝马，不开心。不过，云好看，茶好喝。

028- 江西铅山古镇，在清代成为一个茶叶大镇，与清政府海禁策略有关。从武夷山来的岩茶、浙江和安徽来的松萝茶，都会在铅山汇聚。江西商人从武夷山星村搬到铅山，广东商人再到铅山拿货，在十三行交由洋商，洋商再交给夷商，出口到世界各地。也就是说，其实铅山对接海上丝绸之路更多，而不是万里茶路。

029- 初夏忆春秋，有少年不知愁味之清澈。茶不胜酒，无清醒与混沌界限，纵是深夜，也觉窗明几净，风可以随意进入，随意倾斜，随意交谈。我们面对，无须过多言语，已然春秋下肚，年华果腹。"啊，亲爱的"，岁月洗净的华服，可抵得上这一夜的摇曳，在你的发梢，有着一世的光阴。

030- 临沧电视台来访，谈滇西抗战与茶。云南茶，勐海茶厂与滇红都是抗战的遗产，冯绍裘、范和钧那一代茶人，要用实业来挽救一个帝国的尊严与荣誉。冯先生从江西到安徽，再到云南，足迹便是中国茶业复兴版图，今天，还有多少人记得？

031- 下午在一家茶服摊位试衣服，怎么看都觉得像任贤齐版的楚留香，小妹于心不忍，把压箱底的一件刨出来。穿上去，发现有点陈小春版韦小宝的样子了，再问能不能有古天乐版杨过的感觉，小姑娘一眨眼："我还想穿出姑姑的样子呢。"

032- 下午与杨健组团打劫，他帮我蹭了两个钧瓷。我想回报他，看到活动场所对面有台湾茶，泡茶者是美女！于是狂奔过去。三分钟不到，杨健花了500元买了两个罐红茶，严正地说："哥教你怎么泡妞！"

033-《茶铺》是一本不用思考的书，大量的场景照片会让你翻得过瘾，看得过瘾。那些在茶铺里沉睡的照片，会令你想：安逸、巴适，还是世界末日，都由你。去茶铺喝茶，本来就是一件很自由的事情。你可以去吃面，喝茶，睡觉，吹牛，读书，讲理……四川茶铺，古风犹存，茶最初的面貌犹存。

喝茶的环境、氛围固然重要，茶艺师是不是美女，尤为重要。

美女要是再像张珍这样爱好读书，那就无故了。

张珍 / 供图

034- 到南海参加广东省茶叶收藏与品鉴会发起的"全民饮茶日"活动，杭州也在做类似推广，昆明也有。陈栋教授谈了饮茶的多种好处，如何引导大众喝茶，是一个大课题。国家与民间都在强力推广书香社会，茶香社会建设目前尚未见效果，广州的南国书香、上海的书香上海，有无茶香渗透的余地呢？

035- 为什么以前北方人把喝茶叫作吃茶呢？因为是真的在吃茶。他们泡完茶，把茶水倒掉，直接吃茶叶。茶传到西藏、西北乃至国外的时候也流行过吃叶子。还有喜欢吃茶梗以及吃茶杆杆的。你要多句嘴，他们会睁大眼睛看着你，"什么，茶水也吃的？"到陕西略阳一带还可以遇到哦。

036- 在人才市场无底价拍卖大会上，国家低级茶艺师周重林在无人举牌的情况下，被天下普洱茶国包老板抱走，许诺用一片有机茶园包养。据说这是欧盟、日本人都青眼相加的有机茶园，羊粪都来自内蒙古，从此哥是种茶人。

037- 微信打车，被普洱十大杰出青年袁毅拖到普洱，严刑拷打，我认了在茶山被蚊虫叮咬的事实，也认了与茶女勾搭的现实，还认了小解时打雷，导致茶山大面积停电的罪恶事实。但我没有招供，我怀揣曼松茶的现实，即便他用紫金蕊诱惑我！

038- 两年前来告庄，人很稀少，茶客更少。刘婷的龙成号在这里卖茶显得另类、孤寂。旅馆遇到个熟人，惊呼声响彻云霄。但现在，从门口进来要挤出一斤汗。非得喝五加仑茶水才补得回来。

039- 景迈山茶魂台。看得到吊的地方，就是茶魂地，吊越多，越重要。景迈山缔造的奇迹，是信仰的胜利，而非仅仅落后语境。跟着刀哥，追寻祖先足迹。如果我带你走，你会怎样？

040- 茶山上已经有八个人联系我，微博、微信、陌陌三大社交会对茶山销售有何影响？这是一个有趣的问题，但茶山今天已经很全面地介入到全球化中。他们的许多观念，蕴含着上市、做空，也有匠人、匠心……茶山是复杂的。

041- 雍和宫附近五道营这条小巷；进来走不快，一百米

如今的茶山，已深刻全面地介入全球化之中。连斯洛克世界冠
军马克·莫比尔斯，都在茶山上出现了。

走了二十分钟，吸引人的小店一家接一家。踏进惠量小院，怎么都站不直的季烨很不高兴地给我来了一泡茶。绝对不是肾不好，哥们到处搞活动——累的。也不是不欢迎朋友，是我来得晚了。不过嘛，坐下来就啥都不重要了。

042- 勐库。儿童在茶园嬉戏，大人在茶园采摘，祖先的灵魂就在他们身后。我第一次见到茶园有那么多坟墓群，它们与茶园共在。李扬说，这才是茶园，而大部分是茶林。

043- 大益跳水，会带来新一轮的市场变化。普洱茶收藏价值进一步被挤压，消费年开启。这会增加其他茶厂的压力，大益与二三线品牌争夺市场，竞争会比投资型更激烈。大益部分经销商会转型，带来其他品牌以及消费增量。而对大益来说，"大益味"的困惑会一直延续。

044- "越认真做茶，付出的代价就会越大"，津乔杨总说出某些带痛的现实：仅仅一张包装纸，要印上必备的标识与符号，都要花很大代价，更不要说送检、税务……但许多人来茶山一圈，裹张白纸就开始卖茶。"你说，这是不是不公平竞争？"我回答不了。

上图：我没有什么特别的要求，有自然就和我做朋友。我什么都想
要，要开心快乐

045- 茶山是一个巨大的空间，各种初制所，各种企业牌匾形成的主权势力范围，很容易被"我与茶树有张合影""我与茶农很熟悉"消解，更不用说那些用成捆的人民币换来一箩茶的任性分子。想想吧，还有多少八缸汽车的马达声在茶山嘶鸣不已？

046- 除了极少数深加工茶，比如茶膏、袋泡茶外（这类似于咖啡），茶叶标准化几乎不可能。根本原因是，茶是半成品，必须再次冲泡，多了人与水的因素，这加大了标准化的难度。也并非没有办法，比如山头茶，可以采用拍卖制。在传播层面上，李克烟酒茶以及中国茶叶榜都在为茶品打分，用分值来影响销售以及认知。

047 时间进入到茶山季。从杭州、祁门、庐山、雅安到云南各大山头，都已经人群扎堆，照片满屏。就连不怎么知名的康县茶山，也有不少人流连忘返。茶山季总是制造了无数的幻象，茶叶唾手可得，美景一拍入内存。但 2015 年，是一个异常艰苦的销售季，许多品牌店关门，大量存货茶品不知下家在何方。你喝茶吗？

048- 把泡茶、喝茶、表演茶、写茶，当作一份职业。我曾经给解方建议，在他的茶馆里，可以挂这些水牌，比如点王心泡，价格 10 万；点我泡，价格 100 元。茶艺表演点鲍丽丽 10 万，点我 100 元。泡茶的人获得有尊严的报酬，出钱的也会受用。要是有王琼在泡，那就是无价了。

049- 福窝，从雅安开到成都。闹中有静，静中更闹。从有声到无声，从天籁到喧哗，有生活与生命的印记。盖房子，是为了里面的空间，房子本身却是无用的。因为有人，有人的参与和努力，一切都浩瀚起来。

050- 晚上去雅安电视台录节目，说起雅安，有名山，有名茶，有名文化，却没有名企，没有特别著名的茶人群体。要怎么破局，其实我也不知道。我要是知道就好了，但我偏偏说了许多糊涂话，自罚两杯开水。

051- 十年前，与姜育发教授（姜育恒的亲哥）见面先谈学问，十年后见面先谈生意。他有许多老茶、老壶，不卖也不留后人。"儿子不卖，万一孙子卖了呢？"他会在韩国建一个"姜育发茶叶博物馆"，惠泽世人。他是第一代普洱茶研究者，今年 61 岁了，还是那么时尚、年轻。还是在各大城市穿梭，传道授业……为稻粱谋，也为理想。

052- 国人写书，最爱谈意思，又最不会谈，搞茶要说茶德、茶道，玩香也要整出香德、香道，花亦如此。结果语境、学识、修为，都不够，最终四不像。为何不是玩，不是爱，不是玩物丧志的心态呢？日本人用审美取代宗教，我们其实也有，比如，不拘一格。

053- 好酒店的定义是让人待得住，待得爽，待得久，就像由泡茶想到烧水般，神聊六小时，喝茶时鸿儒红颜迎来送往，躺下便深陷在大床梦里。走了想念这里的酒、这里的茶、这里的气味、这里的人……好吧，我还要待几天，约不？在隐庐。

054- 还是唐代和尚讲究，刷牙用的牙香，都是沉香啊，麝香啊，檀香啊，冰片啊，这些珍贵木材的粉末组成，加之蜂蜜。饭后打牙祭，不仅提神，清新空气，还能走路带香，福泽跟随。

055- 公司门口有一家素食馆"泰天真"，中午有素餐自助，自取自收，每一次我都吃得很干净，并默默把餐后盘子从二楼带回一楼分类。每次去寺院吃饭，规矩也大抵如此。

上年在东林禅寺，一顿饭吃得诸兄感慨万千。其实，我上周在家洗菜洗碗，多少受其影响。茶人爱吃素餐，多少与此有关。

056- 以前说复兴，侧重点是产业，今天的复兴，而多指向文化。今天的茶业，产值规模远远超过历史上任何一个时期，茶文化的发展也比任何一个时期要多彩，因为我们的选择多了，茶占生活的比重下降了。随着那个乡绅阶层的消失，优雅生活也消失了。酒醉写诗、茶醒读诗的年代不在了。

057- 消费者说，言茶必谈班章、冰岛，与这个区域产茶量毫无关系，与市面上有诸多假货也毫无关系。这与咖啡点蓝山，红酒有拉菲一样，他渴望的是拥有这个信息，有此认知，如果能拥有，善莫大焉。假货是市场需求造就，大产区需要小产区拉动。打假是工商的事。

058- 张馨予紫陶展正在进行，昨天开幕我说：烟价已经被定格，一包烟拿出来大家就知道价格。但茶、壶这些，几乎没有完成价格与价值的对应。在艺术家与市场之间，我们有许多工作要做。

059- 寇丹说陈勇光新书与"文革笔法"不同，我说他与
"老干体"有着天壤之别。但勇光是个壮硕青年，与老怎么
也扯不上关系。茶似乎被定位在古老语境黑洞，再年轻的
茶人，都会被虚估年龄，何况内敛寡言的勇光。一路走来
一路读，与我而言，茶是一个全新世界。

060- 实践出真知。所有的小伙伴都认为，津乔的盖碗不
烫手。仅仅凭这点，津乔可以做茶器了。早上喝祥源的山
境，我有些怀念祁门了。

061- 席格伦博士给我讲一个观点。中国科技受制于茶杯，
因为西方没有瓷器，就着眼于玻璃研发。于是有望远镜、
显微镜，发现肉眼看不到的世界，科技由此有了有别于中国
的路径。

062- 从南海海边带回来的潮气已经散尽，午后的阳光从
门口斜射过来，暖意四处蔓延。用传统来解释传统；用生
活来浸润生活，改变的岂止是一饼茶的样子、一群年轻人
的执着？他们希望在茶的空间里再塑一种生活方式，改变
自己。

063- 上月底王琼仙子降临"茶业复兴",对简陋的办公室猛夸一番,但也看出问题。锥子周文化,老锥子自然没得说,但常用的那几把吧……于是,我们在京城再度会面,回昆明后,收到了惊喜。谢谢仙子礼物。锥子果然温暖。

064- 对一些茶商,尤其是入行不久的或小茶商来说,上茶山突显的是占有欲以及被信任感,直接到用知名的冰岛、班章晒图。在这里,认识一个村民,比认识一个省长意义要大得多。几张照片,几个人,就可以宣布对一个区域的所有权,还有比这更好的广告效应吗?

065- 艾荣生先生所赠瓷器一到,办公室立马伟岸起来,锦绣江河全靠一双手,匠人与匠心就在一间。帅帅所赠储物瓶掩饰了角落,桌上是李乐骏所赠瓷板画。茶、瓷、丝是《茶业复兴》最核心的研究要素,这个空间再次被情义覆盖。欢迎来喝茶——雄达茶城莽枝路 3 号。

066- 我打麻将,不是为了输赢,只是纯粹喜欢。不花钱的爱好基本谈不上是爱好,你喜欢玩,有些时候会付出代价,有些时候还有收入,有比这更有价值的吗? 我要问的

丁坤和她创办的和静园茶人会馆，丁坤成为中国茶界的
一面旗帜。

仅仅是，哪几个？在哪？对标准吃货而言也是如此，看到美食，永远只会问，在哪？被邀喝茶，就会问，哪几个人在？

067- 时空往往会凝固在某种情感之中，非借助茶酒不能解。言之有物，情感四溢，便是通途。在山川之间找茶，在茶室里找人，在人之间寻找认同，在认同中相互慰藉。茶唤起心中之丘壑，向下，贴近尘埃大地；在中，释放情感理想；向上，散发智性灵光。

068- 生活往往意外，意外就有惊喜，惊喜过头了，就考验承受力。下午明明去讲课，听完诸位老师神聊后，觉得自己粗鄙不堪，对发型越来越不满意。你看，怪头发背后，其实是智力短缺。晚上成都错过大厨宴，但在亚朵一碗担担面，却吃得荡气回肠。二楼图书室，更是补全了文艺课，这些年我渐渐觉得自己不是一个文艺青年，别人却不这么看。他们说："你不戴围巾，我都不认识你啦。"

069- 整理下微信，发现有 28 个公主、16 个王子、6 个土司。从早到现在，收到 6 份广告请求，我这是要火了吗？我发现了某公司其实与我一毛钱关系没有，居然有 12

个员工在我微信上。其实，我们也在找店小二。来吧。年底了，苦钱过年。

070- 最早在聂怀宇那里听到"油性"入茶，那里有"包浆"话语。后在林坚伟、李自强以及叶汉钟处听到"油性"与茶的对应关系。"油性"是赏玉的一个重要词汇，他们都是玉石收藏者。"油性是一种自然光泽。"自然的老茶，有油性。

071- 上午，王旭峰老师带队去参观西湖龙井茶叶公司。十八棵龙井树遗迹以及茶叶研究所，每到一处，她都会介绍一地历史。打动我的，是曾经打动她的那些地方：老茶人如何摘茶，如何炒茶，"往手心拍一下，手背的皮就会鼓起来"。每到一地，王老师都会说起此地与她的关系，在哪些地方写了哪些事，写了哪些人，有喜悦，有遗憾。她心里装着整个西湖，撒下几片叶子，湖边都充满着茶的芬芳，诱惑着每一位路人。"茶人三部曲"关注茶人命运，一叶之兴衰对应着一个区域的兴衰，也对应着一国之兴衰。这一切，其实都从一杯茶开始。

072- 杭州亚朵酒店，阅读、摄影、茶生活主题酒店。茶与泡茶道具都不错，凤凰单枞口感高出所有我住过的酒店；阅读空间分布得好，照顾到小孩、个人以及同行者；摄影作品主题本地化。只是水果这个色彩，太像假的啦。小二送来一杯姜茶与感冒药。艾玛，这大冷天，太令人感动了。感谢耶律兄！

073- 吃早餐遇到印度人罗禅，他夸《茶叶战争》写得好，我们共同的朋友 yan rao 送过他一本。他分析了中印茶业的不同之处，我想夸他英文好，可……于是我说了句 morning 后，便在一边默默啃鸡脚。

074- 丽江秋月堂，中国最著名茶馆之一，解方与燕子夫妇是茶界"神雕侠侣"。嗯，门口的十块牌子，四块与我有关，其中两块是亲授。在一个地方寻找茶的记忆，多年后，会有人来这里追寻历史吗？

075- 云南省图书馆开建独立的普洱茶文化馆，阮殿蓉号召茶作家、茶期刊捐书捐杂志。借助企业的力量，可以保证馆藏图书数量与质量、茶事服务等多个层面为读者提供更好的服务。"茶香书香"的社会构建，云南迈出了重要一步。云南省文化厅在支持茶主题进图书馆时，也把茶生活引入博物馆，乐骏正在干这个事情。

076- 朋友圈疯转蒋勋谈宋的文章，说宋代文人不追求财富与权力。可以读读余英时的《中国商人的精神》。里面引了一段说宋代的话：宋太祖乃尽收天下之利权归于官（中央），于是士大夫始必兼农桑（经济）之业，方得赡家，一切与古异矣。仕者既与小民争利，未仕者又必先有农桑之业方得给朝夕，以专事进取。于是货殖之事益急，商贾之势益重。就茶来说，宋代是分茶，不是泡茶。

077- 这个叫小燕子的"钟采汐"，一直以来都支持《茶业复兴》。参加"茶美来袭"，获得目前最高票数：6000 多。这可是一个只有 5000 多人的朋友圈啊。为了帮她拉票，她父亲成立"作战指挥部"，帮她找到了小学同学、中学同学、初恋情人、暗恋情人……重要的是，小燕子说，"再次证明父亲是爱我的"。今天，她父亲为她举办了庆功宴。认真，是态度。她在卖凤梨酥，来一份吧。

078- 巨刚众酒，饮酒美学化典范之作。花瓶喝完可以插花。《许三观卖血记》里，"黄酒要温一温"，是一个动作，这个动作引发场景。所以，他们把烧水壶也用上了。以前茶分了酒的江山，现在，酒介入了茶的雅集。茶酒烟是最大场景，我们需要跨界！复兴沙龙会持续做这种有意思的活动。

079- 首届中国茶业新媒体营销峰会暨颁奖典礼月底在陕西举行，"锥子周茶业复兴"拿了一个奖，《茶叶江山》拿了一个，我自己也拿一个。从微刊，到书、人，都全了。要写发言稿，却不知从何说起，哪里是节点？我从未想过放弃，写字与茶都是爱好，坚守不觉辛苦。在做新媒体之前，我在这行业已经待了十年。以前还是数字出版的编委……打开电脑，一个字写不出……

080- 写论文写残了，去后台放了几条评论，瞄了几条留言。下APP的时候，发现许多软件都有"大师"，什么"清理大师""应用大师"，IT界用大家觉得"大师"没有啥，一旦文化圈用，乖乖，就不得了。我的意思，以后咱也"大师"得了，我混微信微博圈，肯定不会碍人眼。

写字与茶都是我的个人爱好，十几年坚持下来，因为喜欢却没有
感到多辛苦。图为2014年出版的《茶叶江山》，书友给予出
版社的茶席美图照片。

081- 早上有雨。午后整理办公室。静茜从出版社带回赵老师《云南茶生活百科》一校稿，满纸红。许多网络用语都被勾出，诸如"逼格"、"屌丝"、"艹"、"颜值"、"咖"之类在印刷体面前是要投降的。下午静茜整理之前编辑部的校对稿，书从来都是最耗费时间和精力的。这几年，畅销书的销量比之前要好得多，作者也多得多。阅读者在增加，独立书店也在 ShoppingMall 随处可见，非常好。有一段时间，是流行拯救书店，现在大约开书店变成时尚了。

082- 昨昔整理房间留有尾巴，今日离子和李明帮忙去呈贡搬家，所收不过书、衣服一类，九大箱闲书，远超衣物。岳母居昆明，常笑谈家里舍书、茶之外，便无他物。书不多，家小，置于四地，各有命运。这两年养家糊口，疏于阅读，以为买书有节制。瞄几眼京东、当当订单，居然三万有余，细读过有限几本。——在家，触手玩具，唯书、茶而已。

083- 拉铁摩尔这本书《中国的亚洲内陆边疆》，我反复读了几次，还对照了豆瓣上翻译校勘文字。这本书引发我对蒙古的关注，后来又读到艾敏霞《茶叶之路》，主体元素也明了。《清代军机处满文熬茶档》翻译成汉文后，我也在第一时间买来读。这几年又看许多其他材料，越发想去走走。可惜，有关晋商的茶研究远不及徽商。

084- 朋友来看我，对我处境深表忧虑。2007年，我在市中心还有独立办公室，现在连独立办公桌都没有。我告诉他，以前目所及处，都是别人的，如今，大约自己的多些。再说，花别人的钱与花自己的钱不一样。

085- 恐怕没有一种物质会像茶在西藏那样，有着无限的想象空间。这不仅仅是因为茶在西藏称呼众多，无人不饮，也在于茶在西藏有着诸多"外交"价值。从李唐与吐蕃开始，茶就是外交最为有效的怀柔手段，比丝绸更柔软，更贴心。

086-《茶叶与西藏》显然是在构建一种西藏特有的"茶社会"，汉地与藏地，印度茶与中国茶，西方人与中国人，通过茶这独特物质，相互认识并发现彼此。

087- 茶是吃饱了撑不着的东西。"茗人秀"APP今天上线，茶博会上连洗手间都没有放过，我边小解，边看着汪命的美照，昨天我们在一起吃夜宵的时候，怎么没有发现她有那么好看呢。顺子兄这次没有放过身边任何一个朋友，很快我就看到我的照片，会有女孩子感兴趣不？不放过周边任何一种颜值，我想这才是社交本质。

088- 咖啡馆、酒吧是陌生社交模式，蕴含着惊喜、期待……茶馆是熟人约定模式，安全感提高，消费规模被框死，人群受到限定。在成都的时候，王晴对我说，做生意本质是要做"可以订购的生活"，茶业是一种超强的体验经济，我总结茶的三大特性中，"渗透性"谈的就是茶的渗透能力。"创业"是热门话题，我们需要坐下来，好好聊聊。

089- 子曰，喝茶。重庆坝坝茶搬到了繁华的ShoppingMall，各地名山大川好茶也陆续登陆。来重庆要做三件事：看山川、赏夜景、约美人。子曰，有两个老板娘，缺老板。

090- 2015 年茶创意产品"茶服秀"，益武会展专门开辟一个茶服区，搭了一个 T 型台，不专业的爱茶人陆续登场。与古筝古琴所营造的氛围不同，这里更热闹，让人开心得起来。你看看那些女孩看男模的表情就知道啦！

091- 北京易武斗茶会偶遇吴甲选夫妇，吴先生以前是牙买加大使，这个头衔距离我真远。但他是吴觉农的儿子，这个与我就有点关系。我比较羞于见人，但张太太看到我的名字，主动与我打招呼，说看过我的文章，说不错，知道我做了中国茶业新复兴计划，觉得吴老后继有人。啊，晚上喝点酒！

092- 倚邦请客，带支粉笔，信息写在门上。总有人不愿意打电话，锁着的门上，留下点什么。其实倚邦老街，没有招牌，修补以及买卖信息，都是以粉笔来呈现。

093- 定位。对文人说自己是茶人，对茶人说自己是文化人，两者都在说自己是 IT 人。文化界说你是茶人，不邀请，茶界说你是文化人，不邀请。遇到金融界的，你说自己横跨三界。做自媒体的说你是图书界的，图书界的把你划在垂直媒体，垂直媒体把你划到微刊，微刊又把你划到作家圈。于是，又回到起点。

094- 下午与津乔绍巍兄一行，谈 2015 年发展愿景，大家都认为这是一个很好的机遇。过去的一个月，我们才一起完成《茶业复兴》创刊以来最大规模的连载——《廿四城记》。我们当初无非是想通过一款经典产品"叁伍柒"，通过一座座城市的品鉴来拉动基数消费，实现品牌传播的同时，促进产品销售。事后的效果也很明显，从企业角度来说，花钱很少，但受益很大——如果我们与茶博会的开销和受益来比较的话。我们也对小产区的概念进行了交流，从一家企业与一个地方的对应关系，从茶企与其他企业的对应关系。绍巍兄说，我们并不在乎与同行比，而在乎跨行业的比较。这深得我心。

095- 今天与李乐骏交流，他说 2014 年是一个开创的时代、联盟的时代，2015 年是继续还是分化，值得思量。我个人定位在僚机角色，协助组建平台，现在似乎有了一点点主机影子，但最后还是做僚机。昨天他刚刚办完一场昆明创城以来最大的茶会，大茶会会延续。《茶业复兴》平台也刚刚开始大规模的茶秀，这些想法其实一直都有人做，只是要么受制于钱财，要么受制于资源。德鲁克说，未来是什么，我们真的难以预测。但未来，真的充满想象的空间。

096- 拼流量是一件很痛苦的事情，最后赚钱的都是刷数据的公司。微博时代刷粉，微信刷阅读。我长期观察下来，但凡晚上发稿的一些公众号，几乎都是为了方便刷流量，睡一觉起来，都是 10 万以上级别，人很容易陷入这种幻象里。我一个朋友，刷了几次放手了，又回来老老实实做内容。我以前说，真实粉丝，跟你走的人，有 1000 个就不错；就可以做一番事业啦。

097- 2012 年夏天，我在家，朋友来访。当时，我用一台笔记本看《中国海关与缅藏问题》的 PDF，挥汗如雨地打字。他不解，我放着八万的楼书不赚，要做这种吃力不讨好的事情。后来，我花了一个晚上写好楼书，花了半个月分析赫德弟弟的电文，写了《茶叶战争》的西藏部分。这书是在 2013 年去开封时；在河南大学边的二手市场淘得。那种喜悦，不足为外人道。

098- 昨天在广州，我问一个朋友他的班章卖得好不好，他说都断货了。他有一个消费群体，再去收茶。明年春茶预定出去不少，一片三万多。一年不过卖一百片以内，多也没有。骂古树，骂单株的，都是业内人，像我这样的伪专家很多，反正也不消费，隔靴搔痒而已。回到消费者，再找产品的有多少？

099- 根本不存在所谓的互联网方法。拥有 3000 项发明的爱迪生说，人只要一有机会，就会放弃思考。所有赚钱的产品，都是基于人性：懒惰，恐惧，贪婪，攀比。搜索基于懒惰；360 基于恐惧，苹果基于攀比。茶比的是什么？都有，又都不占优势。

100- 归程。在广州，与世界冠军一起茶旅，与红茶哥谈天下茶事。赛尔比在海船木上看到了祖先的印记。在上海，与赵楚、李克、罗军、鲍丽丽等人见证奇迹的诞生。豪华派对，不取决于人数多少，而是谁来，在哪。在杭州，与晓军、见山等发现茶的另一面。在福州，晓东、赵娴、老谢等人纷纷华丽转身。福州茶博会上，书写者吴雅真、陈安妮、黄桂枢等人的价值被放到最显著位置。无论如何，茶正在回归生活。再见，福州。

101- 黄桂枢的普洱茶，有料有趣。一本书，几幅照片，构成一段历史。他没有错过大量细节，这需要惊人的记忆力，但这是文物工作者的特质，让物质显现。宛如巫师，唤醒沉睡的水晶，让它们发出悦耳的声音。

102- 陪普洱茶文化拓荒者黄桂枢先生造访益健艺普洱阁，非常有文化气息，藏品价值连城。楼下就是福州最古老的茶叶市场，福建人做茶，一开始是一个人，后来是一群；接着就是一条街、一座城。

103- 上大学那会看过商业理论，是学习思考方式。机场买了两本书，其中一本是《麦肯锡工作法》，看了五篇才发现，其实与记者干的活差别不大，只不过他们把从记者到编辑再到出版人的活计一个人都干完了。对一个钟爱哲学的人来说，思维时间化确实需要再强化。

104- 春天的第一批龙井；是聚芳永。江南的春天在云南唇边。深秋入杭州，竟登堂入室，来到钱兄总部，故事有了后续。一碗九曲红梅，春天再次回到唇边。

105- 在西郊庄园，听李克谈烟酒经。在游艇会，听制茶大匠谈茶经。在朋友家刘府，谈心经。在金茂大厦，缅怀一个逝去的时代。晚安，上海。

106- 老罗的书，茶香书香不是口号，还有更多实践。每次找老罗都是愉快的学习之旅。推荐《舌尖上的中国茶》，良心价啊，书的内容精彩不说了，全彩印刷，图文并茂，茶山地理与经纬情感都在书中。一书在手，茶味我有。

107- 我 35 岁第一天，是霜降。遇到芳村罢工，迎来八和健康茶器。昨天老友相见，惭愧地贪杯。今天再会老友，谈健康，谈生活，说市场，论格局，言情怀。茶、瓷、丝的三大国符重新主导我们的生活。

108- 参加塞尔比代言丹霞天雄的发布会，主持人问的是英语，翻译出来的是粤语。还好，茶不需要再翻译。塞尔比是今年世锦赛冠军，已连续三年排名居世界第一，被记者问及这几年的爆发，塞尔比爆料，几年前他的表现很不稳定，有一次奥沙利文对他说："你当然不可能拿世界冠军，老兄。因为你不喝茶。得喝茶，马克，不喝茶成不了世界冠军！"塞尔比说，斯诺克选手要求的镇定，这是他能跟中国茶结缘的原因之一。

109- 慢慢地你变成了你讨厌的那种人，你在侃侃而谈后陷入寂静深夜，你会数烟头，发现指甲增长速度，在意掉发，刷完牙就忘记即将要做的事，会重复点一个菜，安慰别人的话其实都是说给自己听，与身边人交流越来越少，对别人宽容对自己严格。

110- 普洱石屏会馆，普洱市区唯一的古迹，白蚁的欢乐园，文青的冥想地，茶人的安乐窝。几天前景谷地震，居然掉下一道梁。一年前，这里成为"茶业复兴城市共同体"的落脚点，许多复兴粉在这里安放灵魂。这里的茶博士，拿得起吉他，弹得了古琴，唱得出《声声慢》，吼得出一无所有。主人道道不仅美，还善于制造美，景迈的茶，万仟堂的器，《茶业复兴》的理念，搭配得很好啊。你们到这里，可以喝茶，饮酒，可以住下来。"与有故事的柱子对话，慢慢流泪。"

111- 普洱十大土豪青年袁毅，1989 年到孟连打工，因为拥有高中毕业的高学历，被聘为当地老师。后来做餐馆、建筑、矿业。2007 年，在人群看了一眼从故宫回到故里的"人头贡茶"，心生感应，走上做茶之路。茶园基地在荷枪实弹的佤邦，在金三角与绿三角杀出一条血路。当然，储备七八年的古树普洱老料，喝起来也是能量十足。

112- 到普洱，说是来洗肺，其实是散心。说是来开会，其实是会友。说是来喝茶，其实对鸡兴趣更大。漏夜造访袁毅总的曼龙乔茶业，厂房后就是原始森林，虫鸟和鸣，静谧深远，再来一泡秘境佤邦古树普洱，就可以召唤小倩，来一曲人鬼情未了。

113 - 十年时间，大益从一个屌丝茶厂成长为茶界第一品牌。十年前，我住在云大东一院一个老师盖的棚房，一床一桌。第一次去茶山，第一次写普洱茶书籍。每个人的十年都是最美光阴，我们慢慢会理解一种叫情怀的东西。

114- 敦煌山庄，看起来高大上，住进去，发现床太小，第一次从床上滚下来。早餐厅很大，但果汁之类的，八点空了后再无补充，就连写着红茶的壶，见底后也无人管。说不好吃，有南北饮食差异，但这水，没有差异吧？

115- 港邑会，一个梦幻空间。好茶，红酒，咖啡，雪茄，茶界大咖小聚。第一泡王心，第一藏家蔡金华，第一营销张阳，第一神雕侠侣解方、陈志艳，第一酒量高飞，第一帅李乐骏，第一屌丝周重林……

116- 下午到晚上，说起茶界带路党问题。又说起几个人，大家都摇头。某人我带入行后发达了，但不与我分享。现在落寞了，又来找。有一个离谱到，她忘记了是我介绍一堆"名人"给她，一掉头，竟然与名人经纪人和我谈合作。好吧，接着玩，我们继续喝茶。不抱怨。

117- "桃李春风一壶酒，江湖夜雨十年灯。"十年太短，有三年在等人，三年在等酒，两年半在听人胡说，只有半年在痛饮。

118- 诚凯兄，你安排我住文华东方，让我去感受方所。你说"你会爱上那里"。入门处大堆诗集，写满了"孤独""幻象""绝望"以及"忧伤"。有些集子曾经流淌在我的床头，也符合我最近的心态。天那么早，人那么多那么年轻。有些衣服，有些茶具，我很喜欢。我多么希望，这里是我开的。

119- 饭后，想给母亲买一个手镯，她嫌太贵，又不方便。我坚持要买，她就选了一个戒指。我小时候，她手上有一个类似戒指的东西，叫顶针，用来缝边纳鞋用。想来多年，我很少送母亲东西。十年前，母亲来昆明，我回家后看到她把家里能带的东西都戴在手上，当时心想，再上年纪的女人也喜欢饰品。

120- 早上，从六万一斤的金骏眉喝到六万一斤的龙井，陆洪标要我们思考背后的商业逻辑：为何如此贵，还供不应求？每一个消费者都是理性的，没有傻瓜。茶虽有价值模糊的一面，但也有极具卖点的一面。这其中大部分，来自透明与信任。陆总谈到牛仔裤销售模式，从总统到乞丐，都在穿。可口可乐，从五星酒店到街边小摊，都在卖。

121-"大掌柜"，一间很"讲究"的茶铺。没有老板娘，但有美丽精致的老板林小姐。两年前我来过，除了清香浓香铁观音，居然闪回太多。与女老板两年里无数次在异地上空交汇，却无缘相见。去年昆明的大雪，月中的上海。但总有相见的时刻。就在今夜。

122- 去年到厦门，被徐一方连包两夜，最后一夜，跟着贝一到鼓浪屿吹风。纵是良辰美景，又奈何？但因为他们都与小女同属一字辈，谅解之。更多时间，耗散在张列权的汇友茶社，那里好基友更多。今儿听徐一方离厦赴京，我拍马赶到。然终有失算，李乐骏正笑意晏然在对面看着我呢。

123- 天崩地裂，山河破碎，又岂能以一饼茶担当之？滇多义士，齐心协力，终可重建家园。六山义举，熬吧响应，湘人献大爱，躬逢良时，弄片瓦之功，资浅薄之力，愿有澄清之境。

124- 文字背后的逻辑与欲望，阅读者与书写者间存在巨大鸿沟。成因也许与知识体系不对称有关，也许不是。我一直想打通烟酒茶赋予的精神领域，但"茶与酒，两生花"在《李克烟酒茶优购指南》这里，显得不堪一击。看 AV 与滚床单差距有多大，我们差距就有多大。

125- 邹家驹老师丽江秋月堂开课，他把第一次献给"茶业复兴教育共同体"。与邹老师十年前在书中结缘，我连写两篇书评激赞他的《普洱茶辨伪》以及《金戈铁马大叶种》。后者开辟了茶叶书写新格局，后来我才看到《茶叶之路》有这样的书写方式。某种意义上，邹家驹完成了对我的第二次启蒙，第一次由木霁弘等人的《滇川藏文化大三角》完成。云南有一个很牛的茶叶书写群体，詹英佩、杨凯、王迎新、阮殿蓉、杨海潮、林世兴、杨普龙等。更早的大历史地理格局，是方国瑜先生确定下来的。

126- 色拉寺。昔日熬茶布施的大铜锅，今日何其落寞，像废柴一样在风中低泣。有几个人了解它在民族融合中的价值？又有多少人在这里发现宗教伟大的一面？

127-"好人一生平安"，旭烽老师献唱，带着江南的婉约、不舍、关爱……这些天，她言及最多处，是人。关爱过她的三位大家、三个誓言、三种人生、一段茶缘。现在，她把这种爱传达给我们，有抹不掉的纯真，断不了的历史。我少年时便在王老师"茶人三部曲"学习茶人精神，今天我沿着她的足迹继续寻找变革中国语境下的茶，浩浩荡荡一百年，起起伏伏一碗茶。

128- 在云南，插花变得简单、自然。可点缀之物随手可及。干柴不一定有烈火，之前它被鲜花簇拥。我们有多少人，会想到之前的存在？我在平湖秋月，你呢？

129- 小雅从束河过来，活泼，鲜艳，谋杀我们的镜头，霸占我们的内存。现在，她从照片里走出来，就在对面，把美荡漾于茶杯。

130- 买了上千本书，有两本写到我。周公度的文字，我历来推荐。文字可以写得如此短，如此迅猛，如此风骚入骨者，天下唯公子一人而已。十年前有写公子旧闻，竟不知散落何处。西安有公子，便有长安在。

131- 广州茶博会遇到丹素游国兰。612 同学看我还穿着秋装，天气又热，说三楼茶人服在打折，于是，上楼试衣服，左换右选，有选到满意的，好看，价格也实惠。再然后，国兰同学居然知道我出现在厦门，知道汇友，知道双刀客，于是，她把衣服送给我。每次换衣，都问问妹子。

132- 普洱红，在东莞阳光海岸二楼。女老板一直扛着中国梦大旗来谈茶业复兴，还做了一饼复兴茶。以前思茅区就叫复兴镇，昆明也有复兴茶厂。这里是一个云南风的小汇聚地。

133- 昆明罕有高温天，喝泡斗记红茶消暑。陈营营送一块自己手绘的石头来。《领御》杂志访谈有小差错，老子与茶没有关系。最近《茶业复兴》推送的人物报道邓增永、张卫华、刘婷等大受欢迎，我们持续关注《茶业复兴》人物。

134- 沉重哀悼陈文华教授。他的去世，是农业考古和茶文化的重大损失。先生是农业考古的先驱，有着世界级的影响。他是学者，也是传媒人，创办《农业考古中国茶文化专号》，坚持三十余载，终换茶文化蓬勃之势。先生创办茶文化学校，桃李三千，有力促进茶业复兴进程。先生虽居高位，不忘民生。当世集学者、官员、商人三者于一身者，寥寥无几。而精于贡献和推动者，更是凤毛麟角。先生之逝，呜呼哀哉！伤痛之余，不知所言。

135- 碧山计划，一直在学习。茶业新复兴计划有承吴觉农之志，也有碧山复兴传统文化之愿。当下中国，太缺乏有担当并付出实际行动力的思想与人群。观念与行动，会重塑我们的生活。

136- 罗军的国茶实验室做的是教堂工作，茶香书香则是国家工作。新一代年轻人，喝茶能从老罗开始，是己之福、茶之福。关于《茶叶战争》，微博上第一篇自发帖子，是老罗贡献的，他把书送给许多人，之后我们成为朋友，但今天我们终于见面。对不起，我来晚了！新生代三个代表人物：罗军、鲍丽丽、叶扬生，联袂接待，至高待遇。

137- 何以解忧，唯有美食。访海上茶叶大家刘秋萍老师，有豁然开朗之感。一天阴霾扫尽。刘老师关注茶叶语言，关注描述方式，我们以后会有许多火花。偶遇叶扬生、瞿刚等君。晚安，上海。

138- 乐骏说，许嘉璐先生风度翩翩，有才子风范。中午与吴军捷先生、乐骏一起向许先生敬酒，许先生直言《茶叶战争》写得好，他点名要我参加这个会。早上听他说茶，有自己的看法。

139- 自慢堂饮茶赏器，得小蛋糕，送竹笔一支。想到飞机上不能带墨水，又不能学王宝强饮墨而尽，难免悲伤。自慢堂茶器在业界以高温高品质著称，来了发现，姑娘也大都是美人。

140- 飞机落地接头处便是郑福星美学馆，有陈征引路，双刀客保驾，小蛋糕提供能量，当然，厦门航空无处不在……厦门，因为美，产业链的丰富，年轻人众多，我把这里评为中国最好的茶叶城市。

141- 高铁抵达福州。与晓东、欧阳静相见，上次深圳一别，竟四月有余。上年多次往返福州做电视节目，发现另一个天地。中午与赵娴汇合，饭后到赵美女的新地盘喝茶，有许多叹为观止的思路。茶业复兴在福州，我们会再次孵化出激动人心的点子。

142- 谷雨日，福鼎太姥山祭茶祖太姥山娘娘，湖南祭茶祖神农，杭州举办全民饮茶日，云南在筹备"5·8饮茶日"活动，表达对茶之传承，对茶之热爱。区域品牌，个体觉醒，形式多样，茶业在复兴。

143-"华茶青年会"报到处。青山入画壶中意，千秋不老茶中人，是谓茶青；婺源问茶何所适，福鼎结缘永青春，也是茶青。青年于茶，如日出之阳，壮丽绚烂；茶于青年，如良朋老友，念兹在兹。

小北街的存在，让厦门成为我心中最好的茶叶城市，
又增色了几分。

144- 松萝茶在徽州的崛起，与善制和尚有关，技法师于苏州，后排名远超虎丘、天池。我想问的是，茶到底与技法有关，还是与观念有关？我个人倾向后者。因为很快，松萝茶又被替代了。

145-《四川方言词典》里，吃茶方式不同。吃讲茶就是社会缓和剂，吃闲茶就是我们现在的状态。要理解成都，吃是少不了的。

146- 九点刚过，文殊院沁园就坐下十多个人，一人一个盖碗，二十多元，大部分人是独自品饮。老太太们叙家常、掏耳朵、来回问话，要钱的、擦鞋的，尾随而至。朋友们也追着地址而来，二百多平方米的露天茶室，因人流动变得热闹。许多城市讨论茶馆如何盈利，但成都说，这不存在嘛！

147- 益木堂早春饼，名字叫作酽，就是够味的意思。黄宏宽兄亲自从勐海带上来，李扬专门泡。这款茶拼配了老曼峨、老班章、南糯山等地的料。我们就工艺问题进行了讨论。

148- 接受老外采访，他问我祖上三代是否喝茶。我猜测他想搞清楚喝茶是否遗传。他问我小孩喜欢不？我说她最喜欢的是猫猫的奶水。感谢朱见山同志的茶，下回让他采访你。

149-《茶叶的秘密》上介绍我太短，只有一句话："学者，中国茶业新复兴计划项目召集人。""学者"是自己加进去的，不喜欢青年学者这种叫法，好比不喜欢资深编辑一样，怎么看都别扭。

150- 有人问，项目召集人是什么意思？答：就是有项目就召集大家喝茶议事，无官无职。我写简介往往只有一段话，但接受方会觉得不牛，要加，于是绞尽脑汁，盘点过往、年份、籍贯……有些要百字，有些再加一百，如果再多，就是简历，像求职，多了待价而沽，心生鄙夷。好在百度时代，直播人生，啥都能挖到。

151- 最近昆明佳友云集，谈对茶的看法，谈云南茶热，谈茶业复兴……其实我从未创建过什么。"茶叶战争"是茶界和史学界一直有的说法。杭州一位 70 岁的先生对我说，这是在他 30 岁的时候就立志要完成的命题；而茶业复兴，是吴觉农先生的心愿，我们不过是重提了这一计划和理念。而我和团队要做的事情，是一个与教堂（寺院）有关的事情（精神），而非国家层面的事情（世俗），这也是许多人不理解或不曾想到的地方。我最有兴趣的事情在于，我们到底有多少追随者？会持续多久？在这里，我浸淫了十多年，我希望有更多的十年，有更多人的十年。

152- 不同的器皿，不同的泡法。不同年龄，不同喜好。茶业复兴，不拘一格。

153- 申时茶,《茶业复兴》办公室。我们今年要力推在办公室喝申时茶的理念，在方寸之间，为自己营建一个造梦空间。

154- 我记得以前杨海潮老师跟我讲，有个博士，连句读都不会，就到处标榜自己弄了本《吕氏春秋》，一字千金呢。昨天有朋友说，茶文化太累赘了，茶承受不起。我反问他，你知道什么是茶文化吗？他摇头。不知道茶文化，又怎么去得掉呢？为了卖咖啡、卖可乐，大家拼命地造文化，连爆米花都题上美式标签，你好不容易有点文化，却要拿掉，这是什么理由？另辟蹊径固然值得赞赏，但自己口袋里有啥，还是先盘点清楚再说。

155- 每天一顿申时茶。年度第二次造访勐海，在六大茶山喝茶。之前给本来生活伙伴建议出款"阮茶"，与储橙联袂。其实我对汪玲、苏岚等人都有建议，杨泽军就搞个"杨玫"，郑子语出"郑玉"，自媒体全面到来，个人品牌火力全开，完成产品到作品转型。

156- 一杯申时茶。从普洱银生喝到景洪龙成号。今天《茶业复兴》刊发刘婷夫妇从医到茶的经历，"大医用茶"获得多位资深人士认可。茶之进化，最初为药用，在中国有神农民俗，在景洪有诸葛亮传说，在景迈山有叭岩冷，日本有荣西，他甚至说，茶是万病之药。现在，社会病了，心灵有恙，需要申时茶补补。

157- 一个命题：为何流行清茶的地方，人均喝茶却是最少的？在中国，茶消费最多的区域是大藏区、蒙古区，都是混杂茶饮。更大范围内，英国、土耳其等，也是往茶里加奶，加糖……在工夫茶流行区域，在"茶道"流行的区域，人均饮茶却一直提升不起来？

158– 勐海国威酒店边上的益木堂，被《茶业复兴》征用为蹭茶点、工作站，我们将在这里写稿发稿。黄宏宽是极少数重视形象店的茶人，这大约与他来自泉州有关。益木堂的红茶与普洱茶，在我们昆明办公室出现频率很高。好的品质与好的感觉就是好的去处。

159– 吴晓波书里开篇谈管子，我多次向小伙伴推荐《管子》。《茶与酒，两生花》里我谈茶酒发展，多取材管子思想。鸡蛋彩绘再煮，木材雕刻再烧，就是从产品到作品的再造。茶拉动了大作品空间。聂怀宇说，《茶经》本质上是一份商业计划书，我深以为然。"官山海"，摘山煮海之利，精彩建言者太少。听刘婷谈自己经历，我隐约捕捉到一些有趣的东西。

160– 银生马兰箐采茶，茶园与湖泊，茶水第一波交融。箐，山水相交之意思。二十年茶树，矮化与自由生长比较。云抗 10 号是肖时英夫妇发现，并从南糯山研究基地培养出的抗寒与抗旱极品。与侯总学习茶园知识。

161– 昌云喝茶。很久不见白总，《普洱》创刊用的就是这里的小沱茶，备受好评！后来遇到一位兄弟用这个茶来做其他品牌的原料，我夸他有眼光。今天一来，又发现这里的产品真的好完善。

162- 申时茶。在普洱，拜访冷水泡茶之父侯建荣。喝昨天才做好的二十年大树茶。青草与阳光味道扑鼻而来。他约我明天与他一起上山采摘。从绿茶冷泡到红茶庄园，都有着对茶不同的理解。一个时代有一个时代的事，在古法的语境下，有着对纯工业的厌倦。在茶界，我们需要观念优于资源，需要去尝试新的理念。但复兴，不是复古。我们纠结、追问，让茶自己说话。

163- 我想做一个小师计划，受 @ 茶小隐启发，去寻找那些推动茶业变革的隐身人以及隐身企业，他们或许连自己都不知道自己的价值。

164- 大人物大事件退场后，总要有小人物小事可做，许多个深夜，我在这里收拾残局，看灯火阑珊。今天见肖明超，明天会郑子语，十多年来，有多少人还在坚持自己的梦想？十六年前的元宵，与肖明超在西站吃面条。十四年前，与郑子语在园西路吃炒饭。今天，我们相约在这里喝茶。

165- 大咖、兄弟郑子语来访。他如今左手玉，右手茶。我们合作写《玉出云南》时，尚未触摸过玉之温度。我们一起写《天下普洱》时，普洱还未陈化。我们一起写各种旅游书，一起……谦谦君子，温润如玉，他是这样的人，又做这样的事。因为美好，所以珍惜。郑子语说，他的玉是作品而非产品。作品讲的是创作，多重创作，文字，物件，人，场景……产品就是水色、硬度之类，会千篇一律。产品与作品，是说明文与记叙文的区别。《茶业复兴》做的是作品，不是产品。

166- 到了需要遮阴时节，女孩露着大腿，喝着汽水，招摇过市，汽车与人争抢树下空间。在经常路过的小店，应景地买了一件春衫。与崔怀刚到六大茶山喝茶。遇到省茶科所李荣福所长、刘本英博士。今天阮殿蓉老师真美。

167- 入京收到许多厚礼，冯俊文和邵长泉的最特别。俊文兄把《茶业战争》一些错误都标识出来，可见编辑功夫深厚。我更需努力，下次再印定会更正。长泉兄则把《茶业复兴》当作己任，放兄弟我野马狂奔。《问道中国茶》改版后，以大胸襟看待茶业和茶人，令人动容。如是我闻。

168- 在首都机场买了余秋雨新版《文化苦旅》，抛开其散文引发的争议，回到文本，重读犹如探险，个中滋味不足道。回家读福山，还记得那本《历史的终结》吗？想想，我对地缘政治的兴趣实在太浓厚。近日准备阅读蓝勇系列著作，闭关阅读反省。

169- 拿益木堂红茶作为实验，测试大家对茶的第一感觉。受邀人员刘东灵是《新校长》主编，吴留芳是酒仙和传媒人，杜小健是投资人，猫猫是菜鸟，燕子和贾邦军是业内人士，但他们都是第一次喝这款红茶。

170- 大家喝茶，会与印象中的红茶做对比，燕子熟悉正山小种，她发现古树红茶的香气欠缺。贾邦军感觉到微酸，这是工艺层面的问题。留芳觉得，这茶比他喝过的大部分茶好，这是概率问题。黄总说这有茶原味。柔滑绵长是大家说得最多的词汇。我们喝茶，总是会寻找对应物，比如与同是云南所产的滇红对应，茶的层面上还有许多可比的，绿茶啊、岩茶啊、普洱啊。

171- 重庆谈天说地茶馆，其实是谈情说爱的地方。天地有情爱，需要诉说，借茶之口，是谓茶礼。茶到，礼成。茶之艳遇，在于与草木含英，山水与共，人邂而逅。茶呢喃：如果你选择了我，我便生死相随。

172- 连喝三天李文华的岩韵，今天终于有感觉。放眼茶界，脑有思想，手有活的，不见得多。娄自田送的雪菊红得邪门。再来泡阮殿蓉的红茶。

173- 也会低眉，月色溶溶。怎奈音起，心律恰恰。又遇佳人，婉转然然。唐朝诗句，化得柴火翩翩。庐山云雾，可及玉手纤纤？

174-《生活》杂志夏楠小姐说，要找一个对我很重要的物件。我首先想到的是锥子，因为我用之作笔名十年。锥子是我母亲给我们纳鞋必用的道具。这些鞋垫的温度，会一直支撑我走下去。

175- 在白沙源与文静姐、刘老师、李老师、木木老师等人喝茶聊天，老黑茶喝得我一天才抽三根烟，刘老师用黑茶技术改良的普洱茶口感不错。先锋记录是第一个全茶频道，非常有前景，吴铭我们才在勐海别过。茶在长沙，别有滋味。

176- 年度风火轮第一名陈少燕，我这个月就见她三次，半年来见她十几次。庐山、厦门、广州、深圳、南昌……一直匆匆见，来不及话别。今天终于来到她的地盘，勐海陈升号茶厂。鸟瞰勐海工业园区，这里曾是一片废墟，因为一片叶子的茂盛，这里已经成为勐海最活跃的经济地带。而与陈升率先合作的老班章，也成为中国第一个过亿的村寨。

177- 臻味号邱明忠说，古树茶，不是树有多古，而是在这里，有一个生态，鸡在吃虫，虫在吃草，这里有生命在跳跃，生灵在闪烁。人只是其中的一链。他推广样即是古老的茶，也是一种古老的工艺。普洱茶工艺简单，是因为与消费地有关。

178- 支离子佳作：普通城市取暖靠暖气，文艺城市取暖靠空调，像我们昆明这座国际一流的大都市，从来靠的都是自己的一身浩然正气！

179- 无富色，无贵色，无学问色，方为士品。有书声，有织声，有孩儿声，才是人家。深圳紫苑茶馆这副对联，很适合这几天发生的事。

180- 拜谒百丈禅寺。百丈清规一出，禅门肃然。卫华兄捐一大香炉，有福报。山若莲花，日月出没，人隐其中。明年禅茶大会在这召开，期待。

181- 整理行囊，出发去广州。自2006年后，每年都去广州参加茶博会。广州是普洱茶最重要与最活跃的集散地，也是当下中国显著的茶叶城市。大清以来，茶叶在广东十三行所缔造的奇迹让茶成为中国标志性的符号，晚清之后茶叶衰落，现在正有复兴的气象。我们《茶业复兴》派出一支专业队伍，与广州对话。

182-《茶》纪录片第二集刚好进入我熟悉的领域，像茶马古道路上发酵茶这些说法可能会有问题，但这不重要，重要的是，国家天字第一号媒体能播出这样的片子。而且，出场的民族都以母语来展示，很不错了。感谢王冲霄团队。今年CCTV.1能有两部茶的影视来展示茶，我们唯有感激。

广州是普洱茶展中要、最活跃的集散地，也是当下中国最有名的茶叶城市。图为广州炉水茶城古友部落的茶空间。冯俊文/摄

我们要看大格局，而不是小细节。

183- 访茶都，看茶园，走名校，会名师，见故友，听故事。王岳飞老师，实在太萌，这股幽默劲，很难想象他教研的是生物化学。多年前，他是一个低头走路，不对眼，也不爱说话的校企茶业老板、优秀员工。之前，他是优等生。从好学生到好员工，到好老师，是一种禀性。他说，教授需要自己去领悟。他最著名的话是"女生是茶花，男生是茶渣"。

184- 卖茶翁，日本江户时代人（中国大清康熙年间），他出过家，还俗后以高外游自称。他是中国茶文化的热爱者和推广者，终其一生所推广的饮茶方式，承袭明以来的瀹（yue，煮的意思）茶法，与日本另一支延续宋代抹茶法的茶人形成鲜明对比。

185- 一壶岩茶，一个小时。喜欢重口味，臭豆腐之类，都是至美。喜欢闻绿茶被开水冲击散发出来的清香味，红茶留在齿边的微酸尚存，最喜欢的还是岩茶的木炭气息，婉约之人，恨不得马上磨刀霍霍，挽袖下厨。喝茶要有想象力，这个季节，云南大地患有炎症，才是春天，已是金星四冒，总想把杯中之水洒将出去。

186- 德国思想家赫尔德危言耸听地说，中国从欧洲商人那里得到白银，给他们的却是成千上万磅使人疲软无力的茶叶，从而使欧洲衰败。事实证明，他错了。而中国政府控制茶叶的想法却是明智的，但是他们没有想到这样会带来战争，并导致中国从此走向衰落。

187- 广州张智强博士说，广州食品命名与茶饮很有意思，大鸡没有，只有鸡仔。鞋面木有，叫鞋底饼。此外还有盲公饼、老婆饼、牛舌饼……充满了"老弱病残"之感，没有往大处想的，却体现了一些与主流文化不同的地方。但最伟大的发现确实是工夫茶，你看有公道杯，喝茶人一坐在一起，每碗茶都一样，颇具市民精神。

188- 法门寺国际茶文化研讨会，据说是业界最高水平的茶学术会，目前已经举办了四届，我第一次参加。所住的曲江惠宾苑附近是长安南郊，环境大好，据说房价直逼两万。陈文华教授说，第一次感到了研究者受到尊重。下午听取诸位前辈的主题演讲，很受益。我在茶史与文献研究小组，侧重唐代研究的论文尚多，我大约是唯一一个谈明代茶政治与文化空间的。

189- 就在琢磨当一个胖子遇到另一个胖子的情境时，我看到了瘦且帅的谢正罡正在靓车美人边向我招呼，顿时气势输掉了几分。而我企图在滔滔不绝的谈茶论道上扳回零星优势的时候，他显得多么温良恭俭让；而当他拿起相机，光圈与速度脱口而出时，我只有闭上嘴巴，低头倾听。我对他的女人说，千万不要与男人谈他的爱好。比如，让我坐在茶台前。

190- 这周，我的 QQ 签名是，你敢买本《茶叶战争》吗？于是，姐姐的签名说，你敢买本我弟弟写的《茶叶战争》吗？于是，弟弟的签名为，哥哥的《茶叶战争》，你敢买本吗？然后，女友开始改为，签名本《茶叶战争》，再不买就没有了！然后，我收到他们各自的粉丝申请好友，都问，要是我的签名改了你书的广告，你送本《茶叶战争》吗？

191- 柔肠百折，又怎敌得过夜听风雨？一屏，一茶，一人，百种书籍，千行文字，万般思绪，都付滴答之中。喝茶水，读茶文，写茶字，说茶事，遇雨而痛快淋漓，心结亦扫顶而去，终归尘埃。

192- 黄爵滋谈禁烟。爪哇人本来很勇敢健壮，荷兰人诱使他们吸食鸦片后，就变成孱弱之辈，国家都被荷兰人占领了。荷兰人之前也有人吸食鸦片，他们被抓到后，官方就会把吸食者绑到竹竿上，叫人来围观，最后用大炮把吸食者轰入海中。所以现在荷兰人没有敢吸烟的，英国也禁止吸食鸦片，抓到了要以死论处。

193- 西北茶马古道研究的第一枪由康县打响，有其必然。2009 年，这里发现了一块茶马古道指路碑，在西部区域，这种与茶马古道相关的明代石碑尚是首次发现。康县花了很大的精力，在几个月间组织了一本论文集，作为文化线路的第一步，论文涉及范围都令人惊讶，也再次说明茶马古道的广为人知。

194- 康县阳坝有一面湖水，躺在群山怀中，宛如一面镜子。如果你靠近，或起风时，你能听到镜子碎裂的声音。一路上，导游说着这里异样的风情，女人娶男人，男人没有财产支配权。在舞台上，这里独具特色的历史再次演绎，太平天国、红军……可惜的是，那些租用来的马最终没有用上，茶马古道只能隐身其后。

195- 在西安与周公度公子见面，吃饭，饮茶，聊诗，赠书。《夏日杂志》诗集一本，《佛学月刊》一本，年度诗选一本，诗论文章一组，公子早年多艳丽、多肉感、多抵死的温柔和缠绵，如今多玄妙，多清逸，近植物而远肉类，精气神焕然。距与君上次谋面，足足六年矣。

196- 在 1674 年，英国妇女发起一项抵制咖啡的"性权运动"，她们说男人喝了咖啡，导致她们不结果。男人抛弃麦芽传统，拥抱咖啡，会导致性欲下降。咖啡会降低性欲的说法，最先来自阿拉伯，这是宗教宣传的需要。所以当英国出现第一家咖啡馆的时候，国王下令关门。鸦片有增强性欲的作用，所以来到中国就大受欢迎。

197- 英国人喜欢红茶，因为其价格低廉。中国大量出口红茶，因为在中国没人喝。根据 1736 年挪曼顿号记载的进口数量和价格：一担武夷红茶 14.8 两；工夫茶 23.1 两；而瓜片是 24.5 两，贡煦则高达 54.9 两。绿茶太贵，到美国没有消费市场，红茶则要好得多，利润空间也大。商人改变了一个国家的品饮。

198- 清茶时间。一个月之后，发表"早睡早起精神好"的获奖感言，没有想到我真的做到了。寻找茶叶动力，成为未来三年我写作的主要方向。从吴中看茶叶疆域，它早已经渗透到禽鱼山林之中，春衫与夜纳，侠气与禅心，在风烟俱冷的某一刻，穿过我的风衣。谁敢说大彻大悟呢？不过是素心人一枚，与鬼交谈而已。

199- 晚清要开放口岸，向各地征求意见。福建上书说，不能。福建民风彪悍，很容易跟着洋人造反，局势失控。浙江、江苏说，不能。两地民孱弱，看到洋人就怕。

200- 以前喝过一款昌宁的红茶，用瓷瓶装，无出厂介绍，是县里送的，好喝得不得了。现在喝完，又嘴馋了，难道再问人家要？到底是何方神圣做的啊？我不喜欢红茶的酸，这款难得适合我口、我心。回到昆明上图，求助。

201- 在苏州走了一圈，不小心就踩着名人的尸骨前行，陆龟蒙的路，范成大的梅，江青初婚的洞房……没有来得及去看沈三白与芸娘，下午与上海过来的无墨 V、TeaPlusMe，还有几位苏州画家、书法家以及文化人座谈，骨子的傲，世家的气度，看得到以及看不到的，来得及或不可揣摩的，这大约是聂怀宇沉浸之由。

202- 出门觅食，绕市中心一圈，发现除了昨天吃过的面馆，居然只有 M 开着。在昆明，也长期存在早起买不到早点的情况，早起的鸟儿没有虫吃。昨天傍晚温度骤降，寒寒之冬意，冲锋衣最知。房间没有火柴，加之打火机丢失，这段时间居然是我抽烟最少的时刻。苏烟，有着另一种香气，好比碧螺春之于普洱茶。

203- 与深圳几位企业家到普洱，白天艳阳，晚上圆月，坐在开元梅子湖露天 SPA，一扫其他地方阴霾寒冷，云南立体气候优越感马上就出来了。大家很是感慨，只有云南，能够在每一天都找到春夏秋冬。版纳的茶已经发芽，收到朋友逛茶山的邀请，我明天去景谷，寻找毂茶之旅。云南，真的适合每一个有梦的人。

204- 媳妇时常在楼下打麻将，这些叫茶馆的地方，只有娱乐。她喝不惯那些免费的茶，就带一些去。慢慢地，别人也喜欢上茶，我路过的时候，常会有人说，下次来，记得带点茶。昆明麻委会事业鼎盛的时候，只会喝铁观音的 @ 张京徽一天要消耗掉一罐赛珍珠，而 @ 边民微博则喜欢普洱，今天跨年，我为他送茶。

205- 银锥七子饼，盖碗何其多。触手皆是山中水，叮咚有欢歌。一百年来国事，眉山秀水安在，茶事又如何？土豪早镶金，杯中水已过。千盅酒，万杯茶，两蹉跎。泊园座上喧哗，人去竟滂沱。王勃失路之处，揣摩少年心思，大志谁为过？复兴大计也，江湖泛风波。《水调歌头送卫华兄》

206- 再访江西，连续两天早上在泊园办公，喝茶，写作，沟通。2013 年 4 月一趟江西行，改变了我半年以来的轨迹；6 月行则改变了许多茶界的玩法。这半年来，卫华兄摩顶放踵，我们在普洱、昆明、丽江、厦门、南昌，见面，交流，碰撞。相继组建多方平台，邀约才俊，诱导观念，用行动来实践这一切。

207- 徽州。祁门红茶。一个茶业圣地。今年 4 月初访，与邓增永博士、吴锡端老师等畅谈。今天又遇到他们。晚上在"茶"里再次回到祁门。多年前，吴觉农在这里发起茶业复兴，我在那里曾经大哭一场。于是有了新的茶业复兴计划，国茶，其实就是家国梦想。这十年，我也老了。

208- 重庆磁器口古镇，是那种传说会把女人挤怀孕，男人遮蔽啤酒肚的好地方。但宝善宫茶文化馆却对这些喧哗发出茶式的冷笑。这里的日与夜，只需一个盖碗就可以打发。茶虫老光在这里设下道场，有游江、李琳、刘工、陈松等贤达坐镇，喧闹中挤进寂静，寂静中又多天籁之音。

209- 雨后在思茅吃烧烤，飞蚂蚁直扑人面，有君逮住，摘了翅膀，扔入口中，大享美味。在宁洱，每餐都有蚂蚁佐餐。夏天昆虫季到来，蜂蛹、蚂蚱、蚂蚁、蜻蜓登陆餐桌。昆虫意味着生态，好坏出现地也不一样。但在杀虫剂效应下，茶园中现在少有虫子，生态链已遭到破坏。其实，你何曾吃过被虫咬过的菜叶呢？

210- 在开封宝津楼，赏厚沃兑兑作品。兑兑兄先被信阳毛尖折服，后为普洱茶倾心，历经十年，为好茶寻好器，由茶入器，根究虚己待物之精神。兑卦为双水交融，这就牛了，茶、水、器三才齐全，得下多少工夫？昨天入会善寺，无茶独品泉，清冽有加。叹无好茶，压轴戏留在今夜，吹着冷风，一口热汤，换了胫骨。

211- 夜宿开封开元酒店，发现在普洱开元喝到的龙井还在，品相都差啊。其他茶类却消失了，直接换成立顿。不如自己带的普克呢。除了酒店，行程越来越接近网游《墨香》的升级路线，从兰州、塔尔寺到龙门石窟、嵩山，下一站要去余杭。才入四月，中原地区就炽热无比。很多地方，春秋消失，只剩冬夏，与古代相左了。

212- 一路上，同事身后都跟着一小队人马，亦步亦趋，木公子对他人气暴涨很好奇，我说要是你免费贡献出你的热点，一定也会有高人气，那些 pad 都在巴望着呢。提高人气还有办法，献出你的充电宝。不过想想，云南大旱，那里的电要金贵些。

213- 云南最早的普洱茶商标"美寿牌"——"普洱贡茶，云南改良"。现在保存于云南省档案馆，是镇馆之宝。普洱茶能养颜、美容、增寿，还能够让麋鹿慢下来，给孩子当宠物。1910 年，茶商张维藩等人注册了云霁茶庄，在云南改良普洱茶以抗印茶，获得巨大成功。我不解的是，为何画的不是大茶树而是长寿松？

214- 在福州最老的茉莉花茶厂店面喝茶，从茉莉花茶喝到漳平水仙、武夷山金牡丹岩茶。听高手谈茉莉花以及福州历史，我好奇的是，在港史、海洋史、茶史都有卓越研究的福州，为何缺乏整体研究的个人与团体？好比茶与茶马古道之关系。其实三天所见，皆是高手，现在你们只要在一起，就能开拓茶叶研究新格局。

215- 老班章这个神奇的村寨，500 多户人家，20 年前还住窝棚，2002 年才通路。普洱茶经过十年的高速发展后，现在一年的流动资金过亿，老百姓家里塞满了钱，受潮后不得不去屋顶晒。去年信用社来到村里设点，第一天流水过300 万。今年的春茶预计每公斤要超过万元。我有两枚朋友证实，没有 15 米高的人民币，就别往这瞎跑了。

216- 今天在墨江牛角尖山考察，迷路两次，徒步五小时。古茶树受保护与不受保护大相径庭。未保护的早已经被茶农轮番采摘，毫无春日生机；有保护的则绿意盎然，与大生态融为一体。山中有野樱桃，粉红耀眼。平坝处多有惊喜。左右手皆有刺侵入，醒来生疼。

217- 有许多朋友为茶艺培训花了不少钱，结果她们直言学不到任何东西。其实泡茶很简单，有茶、水、器，再给三两天，人一定会自己摸索出来。如果仅仅是为了一张纸去学习茶，那么可能适得其反，远远不如那些跑去茶店里蹭茶的人学得多。茶叶教育，任重而道远，现在有些人拼命套儒释道，有些人则买了一堆茶。

218- 茶到底有多难卖？又是上茶山，与茶树合影，与茶农套近乎，与茶器共秀；又是加班加点，改设计，换包装，编故事。今天是茶农，中午换土豪，晚上成居士。

219- 早起一壶茶，已经成为习惯。家里的桶装水，差不多一周两换。还在《普洱》杂志工作的时候，喜欢喝蒸酶，喜欢喉结发甘的那种滋味。去的地方，要数凤庆宾馆提供的茶叶最上乘，其他地方，都是弃之若履的边角料。早餐前喝什么，在凉开水与俨茶之间，多有争论，但我以为完全是习惯，是一种不可缺失的生活。

220- 喝茶说到底是一个口感替代问题，我不太理解那些宣称只喝一种茶的人，是怎么得出某种独特茶味的结论的？我们说某种味觉的时候，总是置于一种比较之中，这样才从A到Z进行切换。本雅明说，语言本身就是一个模拟系统。从茶入道，从文字入道，从武功入道，毫无差别。但许多人混淆了这一点，无法左右讨好。

221- 与邓增永博士聊徽州，祁门一别，已数月有余。博士领导的祥源茶业和兄弟，四处开花，多次在他地相逢。茶界前辈吴觉农一干人，昔年在祁门推动茶业复兴计划，企图用实业来挽救大厦将倾的国家；冯绍裘南下云南，开创了滇红时代；范和均等人到勐海办茶厂，才有今日大益之盛。陈椽开创性地划分茶叶六大类，自此徽州成为当代中国茶业人才的摇篮和话语重地。

　　邓博士先中茶，后大益，现于徽州开创茶业大局，一叶救国那是梦，但一叶所承载的家国情怀，我们从未放弃。我迟迟未踏入徽州地界，有太多不巧。近十多年来，福建茶和云南茶崛起，徽州茶低调久矣，但历史有周期。刚好手中有"水墨徽州"之叶，倒是可以佐《碧山》系列书下茶；还记得以前读《明清以来的徽州茶业与地方社会》，今天又被博士提及，才记起被某人久借不还。

茶傀兄写文章，讨论红茶早还是乌龙茶早。那本书倒是说，当时许多红茶都被叫作乌龙茶，这种叫法在新中国成立后还存在，我记得读庄晚芳教授的书也有这样的称呼。

222- 入住东莞会展大酒店，东莞是有名的酒店之都，州市里五星酒店全国第一。一路的建筑，有模仿悉尼歌剧院的，有模仿大裤衩的……他们说，这里一度是世界工厂中心，但近些年受挫，没有创意，没有自己的核心竞争力，很容易被取代。这些是我们一直都在讨论的。东莞有30多个城镇，彼此相连，去中心化其实更是好的城市发展模式，只是我来东莞不多，来不及一一溜达。我们关注东莞，是因为其藏茶量，这里已经是名副其实的第一了吧？一位藏家说，我花在茶上的1000万，就好比你们花了1000元去买东西。

223- 茶叶展上，遇到许多新朋旧友，到宝和祥展柜，与美女小乔乔冬梅小姐见面，李文华老师已先我一天抵达东莞，品"紫云归""陈字一号""易润""弯弓传奇"诸茶，疲乏大解。

224-"茶界五华"：陈德华、李文华、张卫华、陈文华、蔡金华，都是我所敬仰之辈，每个人都有一手令英雄折腰的绝活。李文华是云南互联网先驱，他创办的西部工作网现在还有许多人在用，是互联网热潮中云南地区少有的几位赚到大钱之人。之后他加盟勐海茶厂，潜心在勐海归隐学茶，每每出手都令业界震惊，其开创的拼配工艺影响甚大。许多人记得他的办公室夜晚灯火通明，做事风格以严谨认真著称，传播茶叶知识又以耐心与微笑闻名于坊间。《普洱》杂志创刊第二期，我便约他写稿，其后多次遇到，但从未像今年这样频繁。我们一起发起中华茶人庐山论坛，一起发起中华茶馆联盟，今天我们再次一起来到东莞，与茶友一起分享茶之乐趣。

225- 下午的宝和祥品牌推广会，我们围绕三个话题展开讨论。话题一，围绕普洱茶的品饮进行交流；话题二，围绕普洱茶的收藏分享经验；话题三，嘉宾分享对品饮性收藏和投资性收藏的看法。嘉宾分别是东莞市茶文化促进会会长蔡金华先生、东莞市茶叶行业协会会长卢树勋先生、普洱茶国家标准起草人之一李文华和我等人，在座的都是茶界知名人士。话题选得好，嘉宾能谈，听众也喜欢，气氛很热烈。

主持人张老师是《保安日报》的，之前就在保安主持过李文华的讲座，也爱茶，交流起来没有什么障碍。卢树勋网名高飞，是东莞茶界领袖级的人物，以前整天带着茶全国各地开斗，现在每日"88青"不离手，到处吆喝茶友白天喝茶，晚上喝酒，好不逍遥。

"茶界五华"的蔡金华，藏茶6000吨，没有错，是6000吨！他的茶仓就堆满了一座山。我第一次在长安看到他的仓库时，忍不住惊呼起来，这种藏天下之茶的传说，有多少人能亲眼看见呢？去年8月《茶叶战争》出版后，蔡金华的协会买了100本，我与太俊林在他们的协会签名，但书很快就被抓光，蔡兄见面就要书。11月在金华兄开发的君悦酒店，《普洱》杂志举办新生代普洱茶品鉴会，我也跟着混到这里，再次观摩他收藏的茶、相机以及茶件。我是曲靖人，那里是珠江之源。珠江水，普洱茶，要不是因为广东人的热爱，普洱茶的价值不会那么快就被世人知晓。

我们四人，对普洱茶的看法大致相同。普洱茶很有前景，但品饮知识依旧需要更大力度的普及。从藏到品，由品到藏，需要长期互动。一边品一边藏，我想正是李文华想要的，他做的茶，新品就非常好喝。他改变了许多工艺，一些没能亲临现场的茶友委托我帮买一些茶。

李文华说，泡茶、喝茶，讲究的是一种精致的追求，对应的或许是随意，讲究与随意两种方式不对立，也用不着独执一端。讲究是一种美，精道、绝伦、仪式、典雅；随意，又是另一种美，自然、单纯、放松、回归。我们可以讲究，也可以随意，美在其中，美之至也。

我所理解的茶生活，是一种退步的生活。就是从快回到慢，从紧回到松，从聚到散……其实你选择了茶生活，就意味着你已经拒绝了其他生活方式。

但晚上，我却喝酒喝多了。

226- 白羽兄从武汉来到东莞，在斗记喝茶。白羽兄也是在路上结识，又一起到丽江开会。他的学识、见识令我敬佩，也是行动派的代表人物。茶界有这样的风流人物，早晚大事可成。这一年来，茶人之间的见面多于往年，我的收获也多于往年。有一些人很善意地对我说，你怎么到处跑，怎么……我很难回答这个问题。我的书写，有许多内容得益于各方高人教导，以前没有机缘求教，现在好不容易来了机会，你又要我闭门不出。

227- 茶是一种体验，学问之道也是。我在云大的研究所，一直延续方国瑜先生的治学，胸怀万卷，脚踏山川，少了一样也不行。方先生走滇西，勘边界，纠正了许多书本错误。木老师他们昔年，风餐露宿 100 多日，才开创了茶马

我所理解的茶生活，是一种退步的生活。就是从快回到慢，
从紧回到松，从聚到散……

古道的研究。我比起他们来，走得太少太少。普洱茶界的诸多谬误，也因走动太少。如果心里没有家国，茶又何处安生？

228- 是夜，一流小厨请客。东莞人善品，藏茶天下第一，吃也不落广东人后腿。什么黄花梨鸡、鳕鱼啦、鱼丸啦、勾芡啦，全清蒸出来。拉菲什么的，在自酿酒面前，都不好意思开瓶。一流兄在赵建军兄看来，属于"有鸡茶人"，他有自家树林，里面养满鸡鹅。鹅这次我没有见到，但小乔说，她吃过的鹅，脖子有她的手腕粗。一流小厨，怎么少了一流厨师？他这个厨师则是一个香港公司老总，据说平日在家从来不做菜。来吃也有代价，小乔每次来都要奉上好茶。

229- 昨天回来，就与怀刚兄联系，下午编辑了《茶业复兴》，便直奔康乐而去。这里刚刚举办过一场小型美女茶会，美人遗留的芬芳还在，蒙顿的膏妹一个个靓丽嘴甜，这是我喜欢来这里的一个主要原因。其次是怀刚兄的光头，给人一种警醒。他有着惊人的阅读量，从量子力学到几何学，从中哲到西哲，每次他都有一大堆问题。

230- 上次聂怀宇兄回昆明，在苏岚处，他的每一个问题都令我们目瞪口呆，让主要答题人聂怀宇满身流汗。当天讨论离散数学和线性代数导致的两种方法，谈到二进制的伟大性；聂兄说，其实《易经》里面也是二进制。中国有一些独特的算法，不晓得怎么失传了。我记得斯宾诺莎说：中国什么都好，就是没有数学，要是有数学，就是一个完美的国度。

我们每次在一起都会讨论一些哲学问题，有些我有自己的见解，有些我完全不知道怎么回答。因为有崔怀刚的存在，我不得不努力阅读，我怕下次会陷入一种失语状态。

231- 周洪海在金鹰开了新茶馆，茶店装修得颇有创意，不仅省钱，还美观。他用水管装成了竹子状，我以为是大柱子或者大木桩呢。用旧石头打造了一个石槽流水系统，今天我是第二次见到《澜沧江流域普洱茶分布图》。我的直觉，红海这张地图会大热销，因为简单直观，信息量又大。之前，他的小和尚与茶创意风靡互联网，他的称呼一度被小和尚所取代，关键是吸引不少美丽的妹子。墙上挂着字，不错。一问，才知道是从淘宝买的。画居然也是！古琴也是！……淘宝还有买不到的东西吗？

232- 去茶马司收快递，米奥歌寄来台版《茶叶战争》，她买了九本，把一家书店都买光了。太谢谢你了，亲爱的，台版书费就不说了，从台北到北京，从北京到昆明，这需要多大的耐心啊。遗忘在珠海的相机镜头盖张兵给我寄来，王冬梅寄来日本金阁寺的抹茶，她今天给我寄了不少东西，上次的绿茶还在冰箱里。张卫华寄来的婺源茶，夏楠寄来的《生活》杂志。加上后来李乐骏送的油鸡枞，这一天又是收获季。

233- 对美的过分关注，我想着是因为李乐骏长得帅，我们的帅，有点让人不易理解。茶界四帅，是张卫华的戏言，我补充说，乐骏有帅茶（大益），卫华有帅服（茶人服），贝一有帅印（大隐堂），哥只有把持着帅才了。李兄太能聊，兴趣又广，每次聊都刹不住车，要过了很久才发现我们其实有正事要聊。

234- 支离子藏器于身，待时而动，是我深深敬仰的。我们这些人，总是在急于表达自己的时候，犯下许多错误。晚上与曾汉谈论时也谈到这点，杨海潮老师曾多次提醒我注意说话方式。在这个时代里，做什么事都很艰难。在请喝茶变成政治术语的情境里，我这样天天叫嚣喝茶的人，也会得罪权贵？

235- 翁兄说，你适合出来做茶界精神领袖，我一时失语。我何德何能？去浙江大学，看到诸多先贤陈列于墙上，从机场出来，打量大益那些先贤坚毅的目光，回到家，满屋子的书籍，这些都提醒自己，你必须更加努力。因为，比我更优秀的人，比我更勤奋。

236- 今天看到贵州与东莞的活动，我都被加了"中国著名茶人"的头衔，本想通知欧阳道坤和李文华更改，但想想又理解了，在如此商业背景下，这些头衔都是一些商业概念。就像"古树茶"一样，本来是大树茶，现在非要加上千年百年才有市场。

237- 雨后昆明，微凉。在家读林满红的《银钱》，格局很大，但说理叙事能力太一般，没有什么收获。去找了找孙郡的资料，很不错的人。原来是学美术出身，难怪拍的新茶经照片那么好看，有传统中国画的影子。东方美学复兴，需要太多人参与。

想起四川美院教师陈安健画的一组四川老茶馆油画，这些都可以在《茶业复兴》上一一展示。茶太需要多种表达方式，干巴巴的描述已经让人耗尽心力。

微博太琐碎，无法系统化，但微信可以。

238- 去茶马司收快递，拿到何修武寄来的苦荞茶和书。我对苦荞茶的关注，始于猫猫亲自去买的一袋。我说家里那么多茶，你怎么还花钱呢？她说，都不好喝。苦荞好香，像咖啡，又比咖啡对身体好。接着我就发现，我周边其实开了很多家。之前在微信做《非茶之茶》，我就分析说，茶的功能性诉求被进一步放大，我居住的周边，起码开了五家苦荞茶。昆明、成都、重庆等地，苦荞茶的崛起非常迅速。餐馆里的大麦茶，无处不在的碧生源广告，淘宝上卖得最好的也是花草茶。茶叶的形态正在往多元化的方向发展，在消费领域发力。国内食用玫瑰的大量种植，都可以看出产业链的延伸，你起步了吗？我在新浪微博发了上述短文，引发了许多人的讨论，一些人认为这不是茶。

239- 上周约了阮殿蓉，周一见面。多年不见，她有着多重收获。第二个小孩上幼儿园，公司也越来越大，她描述的贺开茶厂，让我忍不住想马上看看。上次见面，还是2010年我们在云大做茶马古道学术讨论会。更早的，是十多年前，我还未进入茶界，雷平阳说起这个同乡时，用了"才色双绝"的字眼。后来因为《天下普洱》，采访了她，做《普洱》杂志的时候，也多有求教于她的地方。这些年，她对文化界的支持，是我认识的茶企中力度最大的。搬来王旗营后，我住的地方，往北走十分钟是她的六大茶山，往南走十分钟是老虎的文化工作室；但恰恰这个时间点我换了工作，导致串门的机会很少。因为微博微信，我们再次找回记忆。

她的办公室我第二次来，熟悉的生肖饼还挂在门后。多年前，我送过一块给一个青海朋友，那个时候，我没有想到有朝一日会去青海，并在他家品用这块茶。阮殿蓉说，这个生肖饼一直在出，不舍得放弃呢。一片茶中，蕴藏着多少机缘？

小茶台附近，挂着雷平阳的字，阮殿蓉说："雷平阳的字还欠一个章呢，这都多少年了！"六大茶山一周年，我去参加庆典，与王洪波、詹本林、郑子语、周渝、雷平阳一起茶话。那应该是2007年了吧？2006年，六大茶山凤庆茶厂开业，去了许多文化名人，那个秀丽的小城，热闹了好几天。我总是会闪回到那个场景，那场原生态的歌唱，来自版纳的旋律，我就听得懂"毛主席、共产党"。那场国手的较量，我也就看得懂黑白两子而已。围棋规则简单，但运算复杂，杨海潮老师深爱这项运动，可惜他当时没有去。

多才多艺的秘书为我们泡了2003年的茶，略有几分沧桑，阮殿蓉分享她与老虎言谈中的一句妙语："时间打败了多少英雄美人，唯一成就了一片茶。"十年间的茶，我居然也有一些，都是各种机缘来到家里，毫无关心地就过了那么多年。后来，我们再次泡了 20 世纪 90 年代的下关铁饼，汤色很诱人，涩中带滑。

我不由想起她那篇经典名篇：《陈年普洱茶，时间的重量》。那段文字说：静悄悄地守着一砖一饼，从少年到白头？谁在风烛残年，只与它默默对视，像无语的交谈？一个在青年时期会为自己的晚年准备茶品的人，定是热爱着他的生活，定是热爱着他的人生，也一定对未来充满了希望。这样的人，他一定不会虚度了光阴，不会透支自己的年华。他也一定不会因了劳碌，因了奔波，就丢失了风雅。他会留下一份斯文，去寻杯他珍藏的陈年普洱茶。

今天正是学校开学日，那一年的孩子，在他们的高考试卷上写下了对这篇文章的"阅读理解"，而现在，他们是否会在某处端起杯子，叙说光阴的残酷或魅力呢？

240- 我们分享了普洱茶口感导向问题，因为仓储的发力，许多没有显赫来历的小厂茶，焕发出了迷人的光彩。她告诉我现在普洱茶界的一些新工艺，比如半自动发酵工艺与全自动发酵工艺，我不懂，只有记录下来，下次再请教她。

我还记得《普洱》杂志对她的采访，写的人，是我的好兄弟郑子语，文章里说的两个细节，我依旧记得。

见过阮殿蓉的人说，你要是在那里见到一位长发及腰、面容姣好、步履轻快的女子，那么你可以确定那就是阮殿蓉。另一位见过阮殿蓉的人则这样说，我希望再过几年，能取得她那样的成就，然后我也要出一本书。这个年纪才18岁的女子，说起阮殿蓉时，眼睛有些闪烁。她经营着一家茶庄，近年走访了不少著名茶山，她说的书，正是阮殿蓉才出版不久的《我的人文普洱》。

今天之后，我会用相当一段时间来与她喝茶。

241- 下午送猫猫回重庆，为照顾孕妇，东航给了头等舱，第一次觉得航空公司还是有点人情味的。晚上与崔怀刚吃饭，一起到家看蒙顿新广告，太惊艳了，有悬念，有美感，有故事，全实景，这把许多广告都比下去了。我打8.5分。晚上回复了《外滩画报》关于普洱茶的选题，谈了一些我对普洱茶的浅见。

242- 与杨文标、田越、袁敏诸兄谈论茶业诸事，偶遇马来西亚肖慧娟，言及《茶叶战争》等多项茶文化事。后来西拉龙水业的王小群夫妇碰巧也在深圳，大家便一起闲聊许多，由茶到水，以及产业链正在发力。深圳茶博会在业界

你要是在那里见到一位长发及腰、面容姣好、其貌轻快的女子，
那么很可以确定那就是院跛茗。

迅速崛起，与这千人文韬武略分不开。记不得他们是有五个还是有六个茶博会，反正我有几个朋友跟着他们在全国疯跑，一年要贡献掉 20 万银子。文标目前在茶博会中开辟了新的路径，旗下有多场茶博会，最近一段时间，茶博会的诟病让他重新思考：一个有价值的茶博会到底是什么样子？

243- 这是我本年度第三次光顾泊园，频率太快，连我自己都不适应。张卫华兄到底做过多少种职业？天知道。他会写书法，会写文章，有识画断字的本领，也有鉴茶品水的功夫，三年时间把泊园打造成南昌文化坐标，转身又投入到茶人服的开发之中。进茶馆的四大需求：WIFI、电量、茶、茶妹。他都有了。

244- 上海敬茶坊。一所老宅子，一壶老白茶。故人与新交。在绍兴的点滴，在庐山的相遇，都化作了茶水入肠。打动我的是天马涌泉之盛，犀牛望月之奇吗？不，这不过是我一直想象的家园，我们总是以自我慰藉的途径，收获久违的安静与从容。茶一饮而尽，人喜上心头。蝇头小楷不仅挂在墙上，还勒在心中。

245- 敬茶坊主要是做活动，素食很入口，主推的老白茶也很不错。它同时也在打造另一个茶空间，针对年轻人的。这是我一直比较有兴趣的问题，我连续在《茶业复兴》推创意，其实无非也是针对年轻人。我的老搭档太俊林现在把主要精力也放在年轻人身上，普克已经取得不俗的成绩。刚好，卫华兄对茶旅游的兴趣非常强烈，又与陈兄深入沟通了很久。于是，去杭州看茶人服体验馆的任务又多了一项：找房子做茶客栈。

246- 在杭州会后直奔安缦法云而去。因为没有定房间，老张执意要住这里，我倒不是不想为他省钱，这里一个晚上都要 5000 多，但这里真是人迹罕至啊，出门不方便。再说，这里适合城里长大的孩子，我这种乡下来的，会觉得跟住在家里差不多。

247- 好不容易来到灵隐寺的素食馆，上菜慢得要命，关键是，还未怎么吃，就提醒我们说八点半要关门！好吧，之后去了一个茶馆，同样是在催促关门声中离开。水位费一人收了 98 元，我们直呼太贵，茶是我们自己带的耶。朋友说，杭州只有一个字：贵。想到我们刚到第一天，心里黯然。

248- 永福寺喝茶，环境优雅，但人奇少。好位置，都不让坐，说是要会员卡，10000 元一张。老张立马要办，但服务员说，要申请。一会又说不给申请了！难得清静，我们两个老男人在这里美美地睡了一觉。

249- 杭州茶消费比较硬，连去几个地方，饮茶与水位费都是分开的，水位费人均 100 元。这在全国都是比较高的。我也发现，现在高端茶馆消费，伴随着普洱茶的热销而产生了诸多改变。普洱茶一是卖得出价格，二是适合耐泡，三是不影响睡眠。这很有意思，同样价位的龙井所占比例是多少？

250- 朋友说，王岳飞老师是杭州茶界新一代的领军人物，我之前在微博上看过他讲课的视频，"茶与健康"系列已是高校精品课程，王老师自己的中国梦是建一所自己的茶学校。他创办的"求实茶业"现在一年有 2000 多万销售额，紫金港小区一个单店都有几百万，雇员都是大学生。王老师说："英语过八级的都在这里卖茶，有点屈才了！"其实多年前，他这个高才生不也是在这里卖茶叶？

　　茶学院高墙上，挂着许多我熟悉的人。庄晚芳先生不仅学问好，字也漂亮。在求实茶业里，也看到，真是雅致

身在茶行业，一天好处就是能对着那很多能给你带来营养的工夫。

江姐　　李志清

极了。

与王老师聊起大学里做茶文化的尴尬，许多文化老师评不上教授，主要是茶学属于农学范畴，没有茶文化的这个分类，所以许多研究茶文化的老师没有得到相应的评价体系，形成了副教授特别多的现象。我也说，我的书出来，找不到相应的批评话语。现在茶文化很热，但高校的傲慢在于拒绝对此做出回应，这真是令人伤神。

王老师从经商到教学，现在做系主任从事管理工作，有着许多高校老师不一样的经历，非常难得。晚上一起在亚洲最大的食堂吃饭，简单易饱。

251- 从 2013 年 6 月 29 日的庐山会议以来，关于茶馆的讨论从未停歇过。茶馆经营没有定数，模式也很难复制，往往每个地方都有一个标志性的茶馆，但这个茶馆与其他地方有着很大差别。茶馆很多时候，依赖于主人在当地的影响力，或者说偶然性成分太大。

第三章 　茶人列传

瞎说之后，还是要正经一些。写卢铸勋与熟茶，理清了熟茶发展史上最关键的部分。

以后但凡要淡熟茶史的，这篇文章绕不过。

写部话马茶的故事，我花了大半年的时间阅读，又花了一个月将其写出来。这是我写得最用心的文字，茶叶视角中，一个时代的文采风流。写陶行知，他的茶叶教育理念在当下依旧有价值；他写的对联，现在也是茶业复兴的对联："嘻嘻哈哈喝茶，叽叽咕咕谈心。"

卢铸勋：普洱熟茶发明者

云南普洱茶熟茶的历史一直是悬在许多人心头上的谜，其起源有许多版本，扑朔迷离，杂项丛生，而流传的资料往往语焉不详，没有真正触动历史的东西，也没有任何证据可言。我前往香港，希望从这个有着"喝普洱茶上百年历史的地方"，通过走访那些尚健在的古稀老茶人，努力寻找到那一段快被遗忘的历史。

初见

丁亥年（2007年），香港茶界著名的茶文化研究者王汉坚先生作有《卢铸勋》诗一首，诗云：藏缺紧茶四张罗，卢铸灵巧占商机。新法速效催陈韵，熟饼溯本是长州。义助南天成大业，印支佳茗集香江。年过古稀雄心在，记述曾经享后人。

新星茶庄的杨慧章先生说，这首诗说

了卢铸勋一生的主要茶业经历，也表达出茶界的几度变迁。卢铸勋先生的精神，就是香港茶业精神的代表，也是普洱茶精神的代表。他随后拿出一饼印有这首诗的七子饼给我看，是新星茶庄专门为卢铸勋制作的纪念饼。

卢铸勋先生对许多人来说，完全是一个陌生的名字。在香港茶界却无人不知，无人不晓。杨先生说，这是香港与外界长期的不交流导致的。他指的是文化上的交流。

而我们，也终于在等待中见到这位传说中的老人。当他拄着拐杖蹒跚走进屋子的时候，我们都站立起来，不仅是让座，更多的还是致敬。卢铸勋并不会说普通话，所有采访都是通过翻译。回忆起年轻时候的做茶经历，81岁高龄的他，神情就像一个孩子。

要的是红茶，却做成了发酵茶

卢铸勋先生1927年出生于广东潮州，11岁到澳门做学徒，开始学做生意，1939年前往香港，开始接触茶。后来遇到战争和天灾，多次往返于澳门和家里。1943年，卢铸

卢焕明先生对许多人来说，可能只是一个陌生的名字。在香港茶
器收藏人士里，不乏卢先生一面的。保守且无一生，都是为世人所
认识的茶器高手。

勋先生在兄长卢炳乾的带领下，再次来到远离战乱的澳门，在英记茶庄做杂工送货，学茶师从吕奀芬。

1946年6月调升上三楼工厂学习筛焙、蒸制各类旧茶，其中以孙义顺笠仔六安茶最多。当时在澳门所制的孙义顺六安茶，使用的竹叶、笠仔及招纸，全由佛山运到澳门英记茶庄加工，每笠茶十二两，六笠为一条，十条为一捆，呈圆形，外加竹叶织竹苈捆实，称之为一捆，或一件。

1945年到1951年间，每月生产10捆到15捆。这个时候，工资也增加了一倍。到了当年八月，工资已经涨到了每月40元。这份工作卢先生一做就是七年，工作越来越受到认可。当时的红茶很好卖，湖南的功夫红茶每司担200多元，祁门红茶每司担350～370元，上级的青茶可以卖到110～120元，下级的青茶每司担可以卖到70～75元。

因为考虑到红茶的销量不错，价格卖得起来，卢铸勋想，要是把青茶发酵转化成红茶，那不是可以赚很多钱？已经掌握茶叶加工技术的卢铸勋，于是在一个深夜开始了他自己都无法预知的伟大创造。他用十斤茶加两斤水，用麻袋覆盖使其发热到75摄氏度，经数次反堆转红，再用30摄氏度（和暖）火力焙干，出来的茶叶泡了之后，汤色叶底与红茶一样，只可惜没有红茶的清香。

味道出不来怎么办？卢铸勋当时觉得外观上已经可以蒙

混过关，如果味道也可以过关，那么自制"红茶"就意味着财源滚滚。卢铸勋把自己两个月的薪金（80元）拿出来，到香港各处去购买食用香精，回到茶坊继续试验。很遗憾，各种香精都调试过，始终无法制造出红茶的风味。他认为是制作工艺出了问题，决定再试验，于是再将十斤青茶加水发酵转红至七成干，放入货仓焗60天后取出。这次，泡出来的茶汤色比蒸制的旧茶更为深褐色，茶味也更淡。卢铸勋为自己的发明暗自喜悦，这一切都是偷着进行的。

1945年，英记茶庄规模已经不小。当时的英记茶庄拥有各种技工、茶师、推销员、杂工共十几人，拣茶女工十几人。主要制作的茶有英记米兰茶、古磅银针茶，销往金边、香港、中山石岐以及中山三乡。古法蒸制散装及笠仔六安茶、普洱茶饼主要销往港、澳、岐山等地。当时茶商鸿华则是转口销南洋最多，其茶品主要是英记供货。

宋聘味、姑娘茶味、同庆号味，他都会做

1949年，中国开始取消私商，实行统购统销，一些商人纷纷向海外发展。在云南经商的同兴号老板袁寿山于1950年到达澳门，在英记茶庄讲了一些国内茶叶商人的现状，准备前往香港发展，特来茶庄借钱。同时鸿华从南洋

传来的消息说，那边茶饼很吃紧，像宋聘号、敬昌号、同庆号等，更是有价无市。

他们问英记有无技术可以生产。当时谁也不懂此项工艺，卢铸勋还是觉得应该研制一下，他已经在制作工艺方面很有经验，也表现出一些天赋。一个月后，研制成功，每个月可以生产茶饼30件到50件。茶饼的规格为每件84片茶饼，7片为一筒，12筒为一支或一件。

1954年，卢铸勋到香港结婚，其后在长州创立福华号，有了自己的品牌"福华号宋聘唛"，当时的青茶百花齐放，而众多的茶商都各自引进各国青茶，中国的各大茶区产品都进入到香港，云南、福建、广东等各地的茶都被称为青毛茶。因为各地的茶青经过蒸压制旧后会产生不同的陈香味，比如说沉樟、槟香味等味道，所以茶青的选择显得很重要。

当时香港的茶业出口已经很繁荣，卢铸勋决定在新公司恢复1946年所使用的发酵方法，用印尼毛峰青茶先发酵后制成茶饼。第一批茶做了30支，一部分卖给香港湾仔的龙门酒楼（这家酒楼现在还在），其他的外销。当时负责外销的茶庄很多，主要有分销南洋四家和分销金山的四家，共八大家。

卢铸勋带着自己的发酵茶找销往南洋的致生祥，问负责人孔繁鼎是否可以办理出口，孔说："扮蟹就有，扮茶就没有。"可是一个月后，终于有茶品单返。孔繁鼎对卢铸勋说："你小子有毅力啊，今天有30支单返，12元8角一筒成交。"一支12筒，共360筒，每筒成本4元，第一次出口就赚了钱。茶有得卖，生意有得做。

1956年，卢铸勋接到一单生意，唯一洋行的邓堃要做一批姑娘紧茶。卢铸勋之前也没做过此类茶，回家研制了一周，交出了货物，第一天邓堃下了1000支的订单。姑娘紧茶的规格每个为六两四钱重，每筒7个，每支装18筒，共126个，净重30公斤。

生意是来了，可是当时卢铸勋连买茶青的钱都不够，于是再次找人投资，几经波折后终于找到钱和茶青。之后，他把此款茶命名为"宝蓝牌"，当时用的料是越南会安青、广东粤毛青、四川川毛青。这批原本要两个月时间做的茶，最后40天就做成了。

1957年，南洋经济不景气，香港也受到影响，销往南洋的四大家赊出的货款，只能收回一小部分。当时给卢铸勋投资的几个人也从福华号撤回股份，卢铸勋只有用自己的工资顶住，才没有变卖生产茶叶的工具。1959年，唯一洋行再次给了卢铸勋一份1500支的紧茶订单，勉强又熬过一段时间。

其实，他就是熟茶的教父

1960 年，西藏封锁，不与外商贸易，一些茶厂也开始停业。当时，卢铸勋只有帮别人去发酵茶业换取微薄工资。也是这一年，卢铸勋开始生产新的一批茶，这次他用的是云南茶青，在经过 60 天的试验工艺后，发酵出来的茶汤色深褐明净，口感不错，鸿华公司愿意以每司担 320 元收购，因为第一次有普洱发酵旧茶在市场上出现，卖得异常好。

后来曾鉴问卢铸勋发酵的秘方是什么，他说："每担茶加水二十斤发热至 75 摄氏度，反堆数次茶约七成干，装包入仓即可。"后来曾鉴的弟弟曾启到广州加入中茶分公司做茶业发酵师傅，从此开始了在广州中茶分公司的普洱茶发酵之路。后来香港祥发咸蛋庄老板张旺燊笑卢铸勋是傻子，怎么会轻易把技术外传？还扬言，未来十年香港茶业的局面会因为此技术而改变。后来居然变成现实，以后十多年内，居然没有茶青运往香港。

1962 年，卢铸勋与南天贸易公司（香港著名的茶业公司，很长一段时间里，垄断内地到香港的所有茶业贸易，与当时的香港港九茶商自由贸易思想矛盾）的周琮到泰国了解茶业情况。在周琮的引荐下，他认识了曼谷茗茶厂的杨大甲，卢铸勋与当局交涉后，在曼谷，向当地茶厂传授普洱茶的发酵技术。自此，泰国也开始了普洱茶的发酵技术。今天，泰国依旧在卢铸勋教授的技术下生产普洱茶。

1975 年，原本要和周琮一起成立南泰昌有限公司的卢铸勋，因为种种原因没有参加。而是另外成立了裕泰贸易公司，经营茶叶茗茶厂所制的发酵普洱茶。

1976 年，周琮邀请卢铸勋前往云南，他没有去，而是让周琮带去发酵普洱茶的方法，之后，发酵普洱茶传到云南，云南也开始普洱的发酵之路。

1975 年，卢铸勋制作出第一批 100 支同庆号茶饼，1976 年运到香港，开始在三个茶庄卖。1979 年前往长沙益阳茶厂指导制作发酵茶。1989 年 5 月 7 日，开始做"福华号宋聘唛"，共 420 支。1992 年前往越南胡志明市指导制作发酵普洱茶。1996 年转让制作同庆号技术给越南胡志明市竹桥国有企业公司林思光。2000 年，卢铸勋宣布退出江湖。

卢铸勋说，我是潮州人，为何不只推潮州茶？我终其一生，都是为世人寻找适合的茶而奔走。他对自己这一生的总结是："一个生长在乱世的小子"。人生格言：人生不怕苦，努力向前看，面对逆境，积极乐观。

"茶，你们聊。"卢铸勋说完，挂着拐杖就下楼去了。有人约了他周末下午打麻将。

胡适：名副其实的茶博士

茅盾第一次见胡适的时候，对这位年轻人的穿着印象极为深刻：绸长衫、西式裤、黑丝袜、黄皮鞋。他评价说："当时我确实没有见过这样中西合璧的打扮。"

张中行回忆胡适："中等以上身材，清秀，白净。永远是'学士头'，就是留前不留后，中间高一些。永远穿长袍，好像博士学位不是来自美国。总之，以貌取人，大家共有的印象，是个风流潇洒的本土人物。"

张爱玲透过胡适家里那杯绿茶，看到时光交错，那个穿着长袍的老者身在纽约，说着英文，却依旧像在北京的寓所一般。他身边站着江冬秀，更是一位地道的中国老妇。

长袍与茶，是胡适给大多数人的第一印象。他也好酒，却不善饮。他反复抽烟，反复戒烟。

这位民国年间风头无二的洋博士，一生得了 35 个"荣誉博士"，但其生活习惯却非常中式，确切地说是非常"徽派"，穿衣以母亲与妻子缝制为主，吃以徽派菜为主，喝茶以绿茶为主。

这一次，我们主要谈谈"茶博士"胡适。

翻阅胡适日记、书信，茶生活无处不在。

"我的朋友胡适之"要是换成"与胡适之喝茶的日子"似乎更显得关系亲近。毕竟，见过胡适者甚多，能一起品茗论道的却很少。

茶博士胡适与他的茶会

胡适（1891—1962）出身于徽州茶叶世家，出生在上海的程裕新茶栈，这个巧合大约为胡适终身嗜茶提供了一种解释。

其父胡铁花说："余家世以贩茶为业。先曾祖考创开万和字号茶铺于江苏川沙厅城内，身自经理，藉以为生。"（《胡铁花年谱》）到胡适这一代，胡家已经营茶叶一百五十年有余。祖上经营的两家茶叶店养活了胡氏一家四房，也为胡家有志为学的人提供经济来源。

胡适的自传、演讲，大都以"我是徽州人"开头。

现代史上最赫有名的学者胡适，很少有人知道他出生在一个茶叶
世家，终身嗜茶如命。

他深爱这片土地，常以徽州土特产自居。徽州这些土特产，又以茶叶与人闻名天下。茶有黄山毛峰，人有朱熹、戴震等，徽商同样也是影响甚大的群体。

胡适最喜欢的饮食，除了茶，就是徽派火锅。梁实秋去胡适家吃饭，被绩溪人做的"一品火锅"排场惊呆了，七层菜肴吃得感慨万千。胡适每每去上海，都会约朋友去吃徽派火锅。徽商南下上海，茶叶是一盘大生意，徽菜馆也是一盘大生意。

胡适在上海读书时所作的《藏晖室札记》，记录了他年轻时候与朋友瑶笙、仲实、君墨、怡荪以及老师王云五等人读书喝茶、饮酒、看戏的琐事。

对日记的看法，胡适自己说，日记是"私人生活、内心生活、思想演变的赤裸裸的历史"。他看到另一个胡适，"他自己记他打牌，记他吸纸烟，记他时时痛责自己吸纸烟，时时戒烟而终不能戒；记他有一次忽然感情受冲动，几乎变成了一个基督教信徒……"

我看到的胡适，自然是与茶相关。20世纪初期的上海，茶馆酒馆林立，青年胡适常到茶馆聚会，以茶会友。

19岁时，"余与瑶笙同行至文明雅集吃茶，坐约一时许，瑶笙送余归。道中互论诗文，甚欢"。"饭后与剑龙同出，以电车至大马路，步行至山东路口折而南，入四马路，至福安吃茶一碗始归。"

20岁，他们在喝茶路上，目睹了一场火灾，束手无策。"下午五时子端来，邀至五龙日升楼吃茶，比至则仲实、君墨及二李皆在，小坐便同处，循大马路至四马路至湖北路西首，忽见一家屋上火发，火势甚烈，北风又甚猛，延烧比邻汇芳茶居及丹桂戏园、言茂园酒馆。""下午，与桂梁外出，至青莲阁吃茶。"

偶尔，也会去找妓女喝酒，"打茶围"，他记录道："晚课既毕，桂梁来邀外出散步。先访祥云不遇，遂至和记，适君墨亦在，小坐。同出至花瑞英家打茶围，其家欲君墨在此打牌，余亦同局。局终出门已一句种。君墨适小饮已微醺，强邀桂梁及余等至之伎者陈彩云家，其家已闭户卧矣。"

后来他们叫醒人，在陈家玩到天明，接着赶去上课。"打茶围"，胡适自己的解释是，"在妓女房里，嗑瓜子，习香烟，谈极不相干的天。"他强调这与自己的性情不相干，"喝茶是休息。打球打牌，都是我的玩意儿。""在公园里闲坐喝茶，于我也不相宜。"

有一次，他们喝酒闹事，被带到了警察局。后来胡适多次言及戒酒，不过，这如同他说要戒烟一样，一辈子都在反复。

留美后胡适对"打茶围"有所检讨，胡适从未言要戒茶。

他喜欢边喝茶边聊天，在给胡近仁的信中说："文人学者多嗜饮茶，可助文思。"茶助灵思，是中国文人学者、高僧大德一个悠久的传统。嗜好饮茶似乎是胡适偏好传统的一个佐证，他留美后，没有学会喝咖啡，也没有爱上可乐，偶尔会饮一点洋酒。

1910 年，胡适初到美国第一学期，忙于适应环境，也不认识什么人。留美日记第一部分，都与读书有关，少有提及娱乐，别说喝茶了。

1911 年，等他适应环境，有了朋友，便开始娱乐生活。

主要是打牌，七八月密集打牌。

7 月 2 日，打牌消遣。

7 月 3 日，"有休宁人金雨农者，留学威士康星大学电科，已毕业，今日旅行过此，偶于餐馆中遇之，因与偕访仲藩。十二时送之登车。今日天气百一十度。打牌。"

7 月 5 日，学校注册完，开始打牌。7 月 6 日，7 日，8 日都在打牌。7 月 14 日，进舞厅，围观跳舞。7 月 21 日，邀请要说会同仁到居所，打牌。22 日，打牌。24 日，打牌。25 日，打牌。29 日，打牌。

8月4日，打牌。8月5日，打牌。8月6日，谈戒烟。胡适开始抽最便宜的烟，后抽最贵的烟卷，后又吸烟草。8月10日，觉得打牌不妥。11日，打牌。23日，打牌。26日，打牌。

9月28日，胡适决定要卖文养家。

9月4日，打牌。9月5日，与同学金涛约定，戒牌，读书。此后日记少见打牌。10月，开始写文投稿。

从1913年起，胡适进入学习与写作状态。

这一年，他的老同学好友任鸿隽到康奈尔大学读书，胡适又多一位益友。12月23日，他在日记中记载："在假期中，寂寞无可聊赖，任叔永、杨杏佛二君在余室，因共煮茶夜话，戏联句，成七古一首，亦殊有趣，极欢始散。明日余开一茶会，邀叔永，杏佛，仲藩，钟英，元任，宪先，厘生，周仁，荷生诸君同叙，烹龙井茶，备糕饼数事和之。"

这是胡适留美日记第一次记载煮茶夜话，胡适说，这游戏本无记录之价值，但他们去国日久，国学疏离，大家在一起玩玩联句，至少比打牌好。

"谈诗或煮茗，论时每扬眦"，参加夜话的任鸿隽表达了与胡适一样的意思，"独居无聊，胡君适之煮茶相邀，与杨君杏佛三人联句七言古诗一首"。

1914年1月23日，伊萨卡下了一场大雪，胡适赏完雪景，回家烹茶写诗。其《大雪放歌》后几句云："归来烹茶还赋诗，短歌大笑忘日昳。开窗相看两不厌，清寒已足消内热。百忧一时且弃置，吾辈不可负此日。"

在异国他乡，与好友围炉饮茶，常有收获。6月29日，胡适与胡达（明复）、赵元任、周仁、秉志、章元善、过探先、金邦正、杨铨（杏佛）、任鸿隽等人围炉夜话，商议出一本《科学》月报，此乃影响中国百年之"赛先生"肇始。

室内小茶会有助思之功，公共演讲来口茶能提升精力。胡适在《演说之道》里说："演说之前不要吃太饱，最好喝杯茶，或者小睡。"

"茶会"在《胡适日记》里出现频率很高，他是"以茶会友"的实践者。

"每日邀约二三人到寓所茶会，谈论家国之事。"胡适坦言，"此种欢会，其所受益远胜严肃之讲坛演说也。"

茶会也避免许多误解，比如他约自己的红颜知己韦莲司，每每都以"茶会"名义。1914年6月5日，韦女士邀约同伴出行，胡适说，要是你们散步归来，能到我寓所玩，当烹茶相饷。后来二女过来应约，他也烹茶招待。与胡适同居的法文教员很惊诧，教员之前约女，颇受挫折。目睹胡适的"约茶"大法后，顿时脑洞大开。

在康奈尔大学期间，《胡适日记》还以文言文记录为主，诗歌几乎都是古体诗。1915年暑假，胡适与任鸿隽、梅光迪几个在一起夜话，胡适就提出要来一场文学的革命。到哥伦比亚大学后，胡适就开始写白话文的"打油诗"。他把这些诗发给了胡近仁和任鸿隽等人，在任鸿隽《五十自述》手稿里，任鸿隽说："胡君时已在纽约，时以白话诗相示，余等则故作反对之辞以难之，于是所谓文言白话之争以起。平心而论，当时吾等三人须同立于反对白话之战线上，而立场殊不尽同。"

胡适归国后，继续以茶会名义会友，交流思想。有些时候，没有时间写时评，就边喝茶边口述给秘书记录。没有外人时，在家也搞家庭茶会。胡适归国后事务巨忙，终日与人周旋，与旧思想交锋，得一壶茶，能舒缓自己，也能舒缓别人。

茶会重在分享，胡适举例说："我的太太喜欢做些茶叶蛋、雪里蕻或者别的菜分送朋友，等于会做文章的人把自己的文章给人家看的心理一样。"

1915年之后的日记中，多次出现的还有"茶话会"，从形式感看来，这些活动显得正式，有官方主场之感，此后他也用"茶话会"取代"欢迎会""离别会"这些旧式词语。

比如"梅兰芳到哥伦比亚大学茶话会""剑桥留学生茶

话会""旅英各界华人茶话会""胡适美归赴任北大校长茶话会""欢迎胡夫人茶话会"……

那么，胡适到底喜欢什么茶呢?

他最爱的是家乡徽州的黄山毛峰与杭州的龙井。

1916年，在美国的胡适写信给母亲，要求寄点家乡土特产黄檗茶到美国，以答谢韦莲司一家对他的照顾。这一年，胡适已经到美国六年，完全适应了美式生活，也找到了自己求学的方向，生活也不再那么拘谨。

3月15日，他再次致信母亲，说到蜜枣已分食完，茶存有许多，可以用一年之久。他所居住之地，有小炉子，"有时想喝茶则用酒精灯烧水烹茶饮之。"有朋友相访，则与之享之。

但因为来喝茶的人太多，准备用一年的茶很快就被朋友们瓜分完。三个月后，6月19日，胡适在给母亲的信里谈道："前寄至毛峰茶，儿饮而最喜之，至今饮他种茶，终不如此种之善。即常来往儿处之中国朋友，亦最喜此种茶，儿意烦吾母今年再寄三四斤来。"8月31日，胡适则叮嘱母亲："毛峰茶不必多买，两三斤便够了。寄茶时，可用此次寄上的地址。"

胡适坚信茶可以解酒，可以消食，每每吃多了喝多了，就会泡一壶茶解之。1939年，他在给妻子的信里写道："冬秀，12月4日到纽约，晚上演说完后，我觉得胸口作痛，回到旅馆，我吐了几口，都是夜晚吃的甜东西。我想是不消化，叫了一壶热茶来喝，就睡了。"

当然，除了家乡徽州茶，胡适还比较喜欢杭州龙井。

留学日记里，胡适多次言及用龙井茶款待朋友。回国后，1923年，胡适先是与一帮朋友去龙井寺。亭子里喝茶，下棋，讲莫泊桑的故事。事后，他写了一首《龙井》的现代诗：

小小的一泓泉水

人道是有名的龙井

我来这里两回游览

只看见多少荒凉的前代繁华遗影

危楼一角，可望见半个西湖

想当年是处有画阁飞檐，行宫严整

到于今，一段段断碑铺路

石上依稀认得乾隆御印

峥嵘的"一片云"上

风吹雨打，蚀净了皇帝题诗

只剩得"庚子"纪年堪认

斜阳影里，游人踏遍了山后山前

到处开着鲜红的龙爪花

装点着那瓦砾成堆的荒径

龙井茶因为乾隆的诗而天下闻名，到今天依旧是许多人喝茶之首选。

1938 年，胡适再度赴美。当年年底，临近胡适生日时，他意外生病，躺在病榻上给江冬秀写信，说收到茶叶六瓶。

1939 年 4 月 23 日，在美国的胡适没有茶喝了！他给江冬秀写信："这里没有茶叶吃了，请你代买龙井茶四十斤寄来。价钱你代付，只要上等可吃的茶叶就好了，不要顶贵的。每斤装瓶，四十斤合装。写 DR.Hu Shih Chinese Embassy Washington，D.C，装箱后可托美国通运公司运来。"

同时交代，中国驻美国大使馆参事陈长乐托他代买龙井茶四十斤寄来，价钱也请江冬秀代付，也装木箱，同样运来。他写了与自己之前的同一个地址，只是收件人是陈长乐。

我与同事们讨论过这个事情，在同一个地址，只需说一个总数即可，何必分开购买以及邮寄呢？他们的意见是，比如我们在同一个办公室，有人寄茶来，可能在价格以及成品上有差别。

胡博士特别交代不要买顶贵的龙井，是因为当时在上海顶级的狮峰龙井，每市斤银洋十二元，云海毛尖每市斤三元二角。当时上海一个店员的月工资也不过三四元银洋。

胡适在 6 月 25 日收到茶。9 月 28 日，胡适回信告诉江冬秀："陈长乐先生还你茶叶钱法币二百二十九元两角，寄上上海中国银行汇票一张，可托基金会去取。他要我谢谢你。"按照当时的物价算，1939 年，一百法币可以买到一头大牛。

龙井茶是一个叫治平的人帮忙办理的，家书里胡适表达了感激之情。1940 年 3 月 20 日，他致信江冬秀："若治平能替我买好的新茶（龙井），望托他买二十斤寄来。"寄信后第二天，他又追加了一封家书，告诉家人，有一位应小姐要去美国，可以托带。5 月 21 日，胡适收到了带来的十瓶新龙井。

三个月他写回的家书里，还声称"茶叶还有不少"。胡适做大使后，交际圈扩大，应酬多，送礼也多。

7 月 29 日，胡适收到茶叶两批，给江冬秀的信里说，"一批是你寄的，两箱共九十瓶，另红茶一盒。一批是程士范兄寄的红茶五斤，两批全收到了。"这是红茶第一次出现在胡适日记里，程士范是胡适的绩溪同乡。

胡适所送礼品，除了茶叶，还有蜜枣、刺绣等。

拒绝"胡博士茶"，代言徽州茶

1929年10月18日，胡适给叔叔辈的胡近仁回了一封信。

特刊和手示都收到了。

博士茶一事，殊欠斟酌。你知道我是最不爱出风头的。此种举动，不知者必说我与闻其事，借此替自己登广告，此一不可也。仿单中说胡某人昔年服此茶，"沉疴遂得脱愈"，这更是欺骗人的话，此又一不可也。

"博士茶"非不可称，但请勿用我的名字做广告或仿单。无论如何，这张仿单必不可用。其中措辞实甚俗气、小气，将来此纸必为人诟病，而我亦蒙其累。等到那时候我出来否认，更于裕新不利了。"博士"何尝是"人类最上流之名称？"不见"茶博士""酒博士"吗？至于说"凡崇拜胡博士欲树帜于文学界者，当自先饮博士茶为始"，此是最陋俗的话，千万不可发出去。向来嘲笑不通

100

这只是胡适成名后的一桩"麻烦"，他老家绩溪县上庄
村一度被改成"胡之村"。

胡近仁是胡适同村人，年长胡适四岁，却大胡适一辈，
幼年与胡适同学。胡适早年与胡近仁多有通信，许多写故
乡的新诗都与胡近仁一起成长的经历有关。据胡近仁孙子
胡从口述，胡适著名的《朋友》就是写给胡近仁的："两个
黄蝴蝶，双双飞上天。不知为什么，一个忽飞还。剩下那
一个，孤单怪可怜。也无心上天，天上太孤单。"2012年，
胡从到台湾胡适墓前，为胡适献了一壶家乡茶。

这么好的关系，胡适又是好茶之人，换了别人，这"博
士茶"的请求，难免就从了，但胡博士还是拒绝了这段颇深
的交情。所谓"沉疴遂得痊愈"是有出处，胡适多病，年
轻时经常腹疼，倒不是饮茶治好，他舒缓痛处的方式是，饮

用白兰地洋酒。

胡近仁常常在家，理应是程裕新茶号委托胡近仁请胡适代言"博士茶"，这程裕新开在上海大东门咸瓜街的程裕新茶叶栈，正是胡适的出生地。

陈存仁在《银圆年代的生活史》里回忆说，当时程裕新是大东门一带的地标性的大店。胡适在上海期间，在陈存仁带领下，重返出生地，还去看了上过的梅溪小学，受到校长的热情接待。

茶栈是介于茶商与洋行之间的中介组织，茶叶运沪以后，箱茶即投茶栈出售。土庄及路庄茶不能直接与洋行交易，必经茶栈介绍，从中抽取佣金。为便于代客购茶，保证货源，茶栈常贷款于茶商，利率为一分五厘。其主要业务是为茶号提供贷款，存放箱茶，并通过通事替茶号跟出口商洋行联系售茶事宜。

根据张朝胜的研究，程裕新是上海不得了的一家茶号，资本雄厚。20世纪50年代初，资本总额为33900万元。经营理念从民国年间就一直新颖，不断扩大规模。为了精制茶品，不拘泥于徽州茶，亲派雇员往浙江、江苏、福建、江西、云南采收名茶，1929年主推绿茶、红茶与花茶共163个品种，还代售全球茶叶。而且，1929年，程裕新推出了一款叫"保肺咳嗽茶"的保健茶，由徽州一名医生发明，提炼药物成分掺入茶叶，有治疗咳喘功能。

刚好这一年胡近仁请胡适代言"博士茶"，但不知道是不是就是同一款。

程裕新还改进了徽商之前的用竹器、竹箬包装茶叶的方法，全新启用了铁罐装茶，表面印上店名和各种图案，称谓"机器美术彩花茶瓶"。胡适收到家人寄来的茶叶都是用"瓶"装，加上胡、程两家的关系，其在海外饮用茶叶应当也是出自程裕新。

1999年，唐羽去程裕新茶号采访开设在这里的股市学校，无意中发现了这家店名居然是胡适所题。在店里，他看到一本民国年间的宣传册《茶叶分类品目》，也应当就是当年胡近仁寄给胡适的那本特刊。

这本纸张已发脆的旧书原来是程裕新茶号于1929年第三家分号开张时编印的内部出版物，用于馈赠客户。洋红色手绘图案为被茶叶环绕的一个地球，旁边有一行字"恭祝程裕新茶号万岁"，即为胡适题写，夸张而天真，透露出质朴的新文学风气。扉页是孙中山对中国茶叶的简短论述。内页介绍茶叶的种植及饮用等科学常识，特别是对徽茶的述评相当专业。书中还录有当时各地名茶的

最后的信息也印证了之前胡适交代江冬秀不要买顶好的
龙井，原来当时龙井居然如此之贵。

程裕新茶叶的创办人程汝均，是胡适绩溪的同乡，于
道光十八年（1838 年）在里咸瓜街开设程裕新茶叶栈。清
末民初，仅绩溪一县在上海开设的茶号就有 33 家。20 世纪
50 年代上海徽商茶号调查表显示，程裕新分有总号、第二
茶号、第三茶号，程家后人程芑生担任所有人的茶号还有裕
兴隆，雇员超过 50 人。

程裕新茶叶 1929 年出品的这本《茶叶分类品目》上，
先是政治名流设想，后是文化大家题词，接着晓以各分店地
址以及来店乘车路线，获奖奖章和证书图，机器美术彩花茶
瓶图，茶叶烟酒专论，程裕新号历史，最后是各种茶品的分
类介绍。

店主在发刊词上说，中国商战落后，主要是故步自封，
不知比较和改良之故，稍有觉悟，也未能彻底研究，只做表

面工作。用低劣品质的茶，求价格低廉，沿街叫卖，只会损害信用。他们的茶叶研究涉及茶叶的成分、功用、国茶与印度茶、爪哇茶的区别，又详细罗列了程裕新销售的163个品种的茶叶，包括品名、产地、特点、饮用方法、价格等内容。

这已经比今天绝大部分茶商做得更好，100年前，胡适信里似乎暗示程裕新不懂广告法，那一次，胡博士真错了！

胡适虽没有单独为一家做"博士茶"广告，但还是为徽茶做了大大的广告。当时的徽商在上海，商战有三件武器：茶商、当铺与菜馆，又以茶业为第一。

1929年10月，上海立利图书公司出版了一本36开本的彩印《徽州茶叶广告专刊》，内有张群、方振武、胡适等政要名流的题词。胡适在专刊里，引用了唐代卢仝的《七碗茶歌》："一碗喉吻润，两碗破孤闷，三碗搜枯肠，四碗发轻汗，平生不平事，尽向毛孔散，五碗肌骨清，六碗通仙灵，七碗吃不得也，唯觉两腋习习清风生。"

与周作人唱和，谁解相思情?

胡适虽嗜茶，但所作茶文很少，专门写茶叶的文章一篇都没有。他与周作人的和诗姑且当作"茶诗"来读。

1934 年，周作人 50 岁生日，感慨平生，作了两首《五十自寿打油诗》，他寄给胡适，署名"苦茶"。

（一）

前世出家今在家，不将袍子换袈裟。

街头终日听谈鬼，窗下通年学画蛇。

老去无端玩骨董，闲来随分种胡麻。

旁人若问其中意，且到寒斋吃苦茶。

（二）

半是儒家半释家，光头更不着袈裟。

中年意趣窗前草，外道生涯洞里蛇。

徒羡低头咬大蒜，未妨拍桌拾芝麻。

谈狐说鬼寻常事，只欠工夫吃讲茶。

胡适收到后，也作了两首打油诗回应：

（一）

先生在家象出家，虽然弗着念袈裟。

能从骨董寻人味，不捏拳头打死蛇。

吃肉应防嚼朋友，打油莫待种芝麻。

周作人写给李健吾的对联：呼儿买烧酒，留客吃苦茶。

想来爱惜绍兴酒，邀客高斋吃苦茶。

（二）

老夫不出家，也不着袈裟。

人间专打鬼，胃上爱蜻蛇。

不敢充油默，都缘怕肉麻。

能干大碗酒，不品小钟茶。

参与周作人唱和诗的名流还有蔡元培、钱玄同、林语堂等人，也收获了很多匿名人士的讽刺。胡适特别选录了署名"巴人"所撰的文字，充满了火药味。平淡的茶水引发话语海啸，这大约是周作人没有意料的。

5月23日，胡适在给周作人的信里，谈到纪晓岚讲的那个冷笑话，也是今天流行网络的笑话。"从前有一个太监"，底下没有了。

"巴人"一共写了五首，讽刺周作人、林语堂、钱玄同以及刘半农等人，请"打油诗"鉴赏家胡适看，并请胡适转给他们。这些诗歌百年后看起来依旧有点心惊肉跳啊，诗歌详细内容需另文详解，倒是"巴人"一文谈到的茶的专有名词很有意思。"玻璃茶"，指白开水，透明如玻璃。因为价格比茶低，只要一文钱，因此矫情地说比茶"卫生"，实际上是经济层面的因素。

1938 年，胡适给周作人写信，作诗一首。

藏晖先生昨夜做一梦

梦见苦雨庵中喝茶的老僧

忽然放下茶碗出门去

飘然一杖天南行

天南万里岂不大辛苦

只为智者识得重与轻

梦醒我自披衣开窗坐

谁人知我此时一点相思情

"藏晖"是胡适青年时期书房的名字，典出李白《沐浴子》："沐芳莫弹冠，浴兰莫振衣。处世忌太洁，圣人贵藏晖。沧浪有钓叟，吾与尔同归。"藏晖者，掩盖锋芒也。"苦雨庵"是周作人对自己在北京八道湾家的自称，"老僧"指周作人。让爱茶人放下心爱的茶碗，其实胡适是让周作人离开北京，跟随北大南迁昆明。人在根在，但周作人还是没有跟随南行，后来做了"伪北大文学院院长"，行为令人唏嘘。

张中行说，"智者识得重与轻"，胡适意很重，"我忝为北大旧人，今天看了还感到做得很对。可惜收诗的人没有识得重与轻，辜负了胡博士的雅意"。

一碗茶，到底滋味如何，只有喝的人才知道。

此时昆明夜凉如水，是时候泡一壶祁门红茶暖暖胃，再过三日，父母也会从安徽二姐处回云南，届时再听听他们这数月的徽州见闻。

（初稿写于2015年9月6日，修订于2015年9月10日）

参考书目：

胡适日记全编，曹伯言整理，合肥：安徽教育出版社，2001.9

胡适来往书信选，中国社会科学院近代史研究所中华民国史研究室编，北京：社会科学文献出版社，2013.7

胡适书信集，耿云志、欧阳哲生编，北京：北京大学出版社，1995.12

胡适口述自传，胡适口述/唐德刚译注，桂林：广西师范大学出版社，2009.7

胡适自述，北京：北京大学出版社，2013.8

其他资料：

张朝胜：民国时期的旅徽州茶商，《安徽史学》1996（2）

武威、王丹阳：旅德忆胡适："两个黄蝴蝶"为我祖父画写，《广州日报》

唐羽：国学大师与程裕新茶号，《新民晚报》

著名教育家陶行知在推广生活即教育时，在晓庄师范有过一段鲜为人知的茶实践。

一百年前，陶行知在哥伦比亚大学求学，师从杜威等名师。1917 年回国后，在国立东南大学任教授。十年后，他脱下西装革履，告别城市，来到郊区，穿上布衣草鞋，创办了晓庄乡村师范学校。

学校所在地有一片茶园，陶行知改造后命名为"中心茶园"，之后这个"中心茶园"展览便成为学校的重要活动，列入晓庄师范的 26 项重要事务之中。中心茶园里设有书报、棋牌，为师生也为当地农民服务，有点今天所谓社区茶馆的意思，陶行知亲自担任指导。

在中心茶园，陶行知写了一副流传至今的对联："嘻嘻哈哈喝茶；叽叽咕咕谈心。"在当时，那里经常出现的情景是，西装革履

陶行知：鲜为人知的茶叶教育

的访客对面，坐着一位蓑衣斗笠的农夫。距离弹琴人不远处，真有好多牛马竖着耳朵听。

陶行知请牛听琴，还与牛同眠。校舍不足，学生被分配到农家，陶行知也经常在农家住，有一次他醒来发现身边睡着一头牛。他对牛有感情："吾乡称绩溪人为绩溪牛，人以为侮辱，我以为尊敬。因为牛是农家之友，没有牛，我们哪里来的饭吃呀？"

老百姓在家喝茶，都是独自行为，把农民与学生集中在一起喝茶，就不一样了。晚饭后，茶会锣鼓声一响，农夫、学生、老师四面八方汇集到茶馆，学生教农民识字，农民教学生生产知识。来这里喝茶的庄稼人，把自己的务农调子哼出来，陶行知稍微整理，就变成了校歌。

晓庄师范学校的校歌《锄头歌舞》是这么唱的：

手把个锄头锄野草呀！锄去野草好长苗呀！绮呀海，雅荷海。锄去野草好长苗呀！雅荷海，绮呀海。五千年古国要出头呀！锄头底下有自由呀！绮呀海，雅荷海。

天生了孙公做救星呀！唤醒锄头来革命呀！绮呀海，雅荷海。唤醒锄头来革命呀！绮呀海，雅荷海。革命的成功靠锄头呀！锄头锄头要奋斗呀！雅

苟海、绮呼海，锄头锄头要奋斗吗！咱苟海、绮呼海

这首歌很有生命力，20世纪90年代，在乡村都还有人哼哼呢。

在晓庄师范，与教学相关的26项里，还有"耕牛比赛"、"镰刀舞表演"、"蓑衣舞表演"。为此，陶行知还写了一副对联："和马牛羊鸡犬豕做朋友；对稻粱菽麦黍稷下功夫。"

南京北郊的晓庄以前叫"小庄"，陶行知改了一个字，他也把"老山"改为"劳山"，取劳力上劳心，日出而作之意。他的招生条件也蛮切合农村实际，要"拿得起锄头的男人，倒得了马桶的女生"，那些倒得了马桶的女生后来连蛇都敢捉。他不欢迎少爷、小姐、小名士、书呆子、文凭迷。

学校厨房被陶行知命名为"食力厅"，他将厕所称为"黄金世界"，把图书馆命名为"书呆子莫来馆"，把礼堂称呼为"犁宫"……

我们没有教室，没有礼堂，但我们的学校是世

陶行知先生当年的茶叶教育已成绝响，但是他的理念，
在当下的中国依然很有价值。

界上最伟大的，我们要以宇宙为学校，奉万物为宗师。蓝色的天是我们的屋顶，灿烂的大地是我们的屋基。我们在这伟大的学校里，可以得着丰富的教育。

陶行知是徽州歙县人，那里是中国茶最重要的产地，对这份家乡的土特产，他非常喜欢。陶行知说："我们徽州的土产本来不错，你看朱晦庵、戴东原诸位先贤，哪一位不是土产？""譬如茶叶是家乡的土产，我们徽州人是没有不喜欢喝徽州茶的。"

陶行知在1927年写有《给徽州同乡的公开信》，里面热情地讴歌"我们徽州，山水灵秀，气候温和，人民向来安居乐业，真可谓之世外桃源"，是东方瑞士，要求徽州人起来为全徽州做一个通盘的筹划，建设和保护徽州万年不拔之基，"不辜负新安大好山水"。

明清以来，徽州取代了江南，成为中国茶业的重镇。陶行知写过一首《毛峰茶诗》："茶吞黄山云雾质，水吐漕溪草木香。来客若是玉川子，多喝一碗又何妨。"

同时，徽州人胡适是茶商之子，他与陶行知不仅同乡，还同年出生，在美国读一个学校，都是杜威的学生。当然也是茶迷，胡适在美国读书期间，多次写信回家请母亲帮寄茶叶，只是不知道有无与陶行知分享。

但陶行知这个名字，与胡适有关。陶行知最早叫"陶知行"，这个名字来源于王阳明的"知行合一"学说，"社会即学校""生活即教育"则来源于杜威"学校即社会""教育即社会"，但胡适建议说，你善于颠倒概念，为何不叫"陶行知"呢？胡适则自己把"胡适之"的"之"去掉。后来，陶行知写了《行是知之始》，将"陶知行"从此更名为"陶行知"。

陶行知爱喝茶，也喜欢用茶来喻物。他要求解放儿童时间时说："现在一般学校把儿童的时间排得太紧，一个茶杯要有空位方可盛水。"

陶行知很看好茶馆的教育，多次说茶馆对教育的影响。

社会即学校，要利用一切可能的资源来提高人民的水平。"有这种思想，便可利用庙宇、茶馆和每一个可能空的地方作为读书班、讨论组，等等。我们的原则是尽可能少占用房屋。哪个地方没有房间可利用，就可以到树荫下去学习。较大集会可以在露天举行。这个天然的大礼堂，实在是非常宏伟壮丽的。青天当作我们的屋顶，祖国的大地当作我们的地板，灿烂的群星守护着的月亮，则是为我们服务的明灯。"

有人不解，一个大教授，怎么跑到乡村去与农民打成一片，而不是在大学做教育？陶行知说，中国以农业立国，农村人口占全国的85%。平民教育是到民间去的运动，就是到乡下去的运动。他开玩笑说，工人已经有了红色的政党——共产党，我想农民也应该有一个绿色政党——农村到处是青枝绿叶的世界。他的宏愿是，"改造一百万个乡村""为三万万四千万农民烧心香"。

随时随地都有教育，"大众教育用不着花几百万几千万来建造武汉大学那皇官一般的校舍。工厂、农村、店铺、家庭、戏台、茶馆、军营、学校、庙宇、监牢都成了大众大学数不清的分校。客堂、灶披、晒台、厕所、亭子间里都可以办起读书会、救国会、时事讨论会。连坟墓也可以作我们的课堂。"

陶行知为一家茶馆撰写的对联说："为农民教育之枢纽；是乡村社会的中心。"

也因此，茶馆有着流动的民众。

"在这些地方，每次我们都遇得着一大群的人，今天的一群不见得就是昨天的一群。也有茶迷、戏迷，天天上同一个茶馆，进同一个戏园，而且还有一定的时候。我们也要抓住这一些地方施以有意义的教育。车站上的展览，码头上的壁报，电影院的新知识的插片，茶馆里说书的革新，戏园里小丑说白的讽刺，市集上的公共演讲，都是流动教育可行的例子。"

王笛有《茶馆》一书，讨论了 1900 年至 1950 年成都茶馆对民众的影响，唐德刚与汪曾祺都谈到抗战期间他们在重庆与昆明茶馆学习的情景，这些都印证了陶行知茶馆教育的可行。

陶行知这种独特的茶叶教育方式，在今天找不到踪影，也不知道，今天的晓庄师范里，那片中心茶园还在不在？

参考资料：

王一心：《陶行知：最后的圣人》，北京：团结出版社，2010

张远桃：《陶行知》，《老年报》，2011

《陶行知文集》，南京：江苏教育出版社，2008

《胡适日记》，太原：山西教育出版社，1997

第四章 一 喝茶时间

这大约是授人以渔的部分，对茶行业写作者和从业者来说，最有价值。如果我们真的要喝这碗茶，怎么喝才有滋味？这里面有我最私人的经验。其实，在这部分我也回答了一个问题：一个穷屌丝，是怎么通过写茶"致富"的，这部分，结合第二章看会更有意思，它从另一个角度展示了我的"朋友圈"。

茶书要怎么写

许多人问我，为什么要写一本百科全书式的书？

答案其实很简单：呈现茶的现场。今天的现场，就是明天的历史。

毫无疑问，字典是一个时代精神最直接的体现，词条通过文字解释后，看得出时代的人格与气质。《尔雅》简单而直接，那是一个粗略的世界观；许慎的《说文解字》，折射的是对华夏历史经纬的自信，斩钉截铁，不容否认。

那么，《云南茶生活百科全书》是一本什么样的书？从一开始，我们既兼顾了所谓"正确"的知识构建的努力，也把精力集中在如何认知茶，也就是说，整本书虽都是问答式的，我们不仅提供了茶相关知识，还提供了对茶的思考方式，最大程度降低认知错误。

搜索引擎时代，答案易得造成了无数假

象，甄别假象、抵达问题核心才是我们最为关注的。

比如我们关注"什么是茶人"，则是为了回应茶界过去两年非常热门的争议，一旦弄清楚是哪些人在聒噪，哪些人在起哄，哪些人保持沉默，也就大体知道他们在排斥什么，肯定什么。

在更大程度上，"茶人"是一个新群体，是通过茶来获得财富、获得自信与荣耀的人，茶是他们的标签或符号。直接的说法就是，你开着一个年赚 10 万的茶叶小店，与一个年赚 10 亿的地产老板坐在一起，你不会有任何不适感，你坚信"禅茶一味"四个字比利润表有价值得多。在任何场合，你说得最多的就是：

"我普普通通，就是一个茶人。"

用同样的方式，我们再去看"什么是茶文化""什么是茶道"等问题，大体可以找寻到逼近真知识的路径。我们也会发现，历史的语境无法支援现场，那些模棱两可的描述，把"茶"这个核心词抽离，换作"酒"，换作"玉"，毫无违和感。

再说普洱茶。在中国，没有哪一类茶会像普洱茶这样缺乏完整的表达，主要原因在于，普洱茶的话语被历史、地域、人群以及商业稀释，显得零散而混乱。

典籍与历史中的普洱茶和当下所言的普洱茶，并非一种直接的继承关系，普洱茶的原产地及其主要消费地的人群长期以来，难以取得共识，而商业力量的崛起，则在很大程度上改变了普洱茶的面貌、工艺乃至存在形式，这些都增加了对普洱茶的认知成本。

也因为如此，普洱茶反而显得魅力四射，让人横生重塑欲望。

还是十多年前，我参与编辑《天下普洱》与《云南茶典》，创办《普洱》杂志，亲身经历了普洱茶大变革时代，一些想法已经在《茶叶战争》《茶叶秘密》以及《茶叶江山》中有所表述，那一阶段，是产业的复兴，文化的再造。

到《云南茶生活百科全书》出版时，茶生活链已经成熟，我们已经全面关注消费者觉醒层面的问题，比如"为什么我在家泡的茶不如茶馆泡的好喝"，这样的问题背后，其实考量的是茶与空间、水、泡茶技法的问题，"怎么蹭茶保证不会挨打"，归根结底是消费行为问题。这部分问题，都放在"喝茶有意思"，这些问题，你喝不喝云南茶，都会冒出来。

到《云南茶生活百科全书》出品时，茶生活语已经成熟。我们
已经全面关注百姓者微妙层面的问题。倾力图书出版，《茶业复
兴》小伙伴们通宵签名后合影。

在"喝茶有见解"部分，我们对着云南茶做了系统的梳理，从常见又易模糊的地方切入。许多知识点，有独创性，比如熟茶的历史，是建立在我对卢铸勋采访的基础上。

比如我们首提的"小名（好）时代"，现在那些贵得要死的"88青""小黄印"等，本质上都是老勐海茶厂"7542生饼"，在藏家手里，换个名字，价格就徒增上万倍。理解了这点，你就明白为何会有那么多人猛炒大益7542，为何大益短短十年间就坐上茶界头把交椅。

普洱茶在2007年前，依靠"越陈越香"四字真言高速发展，2009年开始凭借"古树纯料"四字真言继续高歌猛进。理解了这点，普洱茶的金融属性、普洱茶的证券化等问题都可以迎刃而解。而且，从"越陈越香"到"古树纯料"，还意味着藏家到厂家的话语逻辑发生了巨大变化。

如果说普洱茶发展有什么机密，这就是。

接着，我们"茶山有玩场"就是最直观地呈现茶山，茶山游越来越热门，到底你会关心什么？最后一部分，是我们独家创建的"普洱茶香气类型分析"体系，撰稿人李扬会因此文而百世流芳。

《云南茶生活百科全书》首印不到一个月就售罄，更加说明我们预判正确。茶文化已经独立成为产业，我们这些手艺人完全可以通过写字而体面地生活。

推荐书常常会暴露自己的短处，所以我多年不推荐。茶界却不同，书太少，一年出版总数加起来也就十几本的样子。大部分还混迹在吃货读物以及旅行指南中间，稍微开个小差就找不到。但，毕竟有个茶界啊。

我个人的阅读史里，一些对我有影响的书，出版年代太久远的书，已经有很多人推荐，比如《茶之书》《茶叶全书》《茶经》《大观茶论》《吃茶养生记》之类，我想推荐的是，近十年来出版的一些茶书，茶书在出版业，属于很小很小的类别。以往读这类书的往往是读书人，读书人的毛病是挑剔。我要推荐的这些书在豆瓣上评价都不高，一些书甚至少于十人评价。有人说茶业当下最繁荣，我呸!

多大的V，最后都成了淘宝店主

这是春华兄在微信的一句评价，我听来却是莫名感慨。

就在下午，我还因为没有支付宝、没有C店被杜子健教主揶揄了一番。

也是这几天，周边许多大V朋友都在计划开一个店。

在微博的选择了淘宝，在微信的选择了微店。

周公度感慨地说，现在微刊就好比当年的期刊那么热。

2013年3月，我还在用三星老年机，偶尔发发信息，还是去充话费的时候，服务员提醒充值可以送手机。拿到第一款智能手机后，我在办公室请教同事，他一脸困惑：为什么不加入小米党？

他每天都在刷屏抢小米，当时我们不理解。那时日，我正到处找《茶叶战争》的资料。后来，小米成为一种现象。

我想起了在香港的一次出差，有人要我带一个苹果手机回来，我说为何不在国内买。现在想想，我是多么迟钝的一个人。我现在都没有用过苹果与小米，也没有特别关注过锤子。

我在这些流派之外，我错过太多。

普洱世界茶业大会期间，王心说，你一个写作的人怎么不搞一个微刊？那时他已经有 5000 个粉丝。

2009 年新浪微博内测，我收到一个邀请码，居然很久都没有发一条。我还在玩饭否，玩博客，直到它们死掉，无情地清除了所有数据。宛如当年，网易 BBS 清理了我所有的痕迹。大家热火朝天抢知乎邀请码的时候，我也是无动于衷地站在一边。同样，我忘记了在豆瓣上的密码。

那些年，我在山上，在田间，埋头写书，一本又一本。偶尔在新浪微博刷一刷，过着毫无移动端的生活。

可是，我玩博客的时候，也属于追着木子美去的那一批啊，也属于在 QQ 空间接受过广告的那一批啊。

直到萧秋水在深圳再次与我说你要好好运营一个微刊的时候，我才意识到，微刊即将成为写作者的身份。

天啊，一个连微刊都没有的人，怎么算是写作者呢？

另一个朋友更直接地对我说，在纸媒没有死之前，赶紧换个地方吧。

于是，我辞职。漫长地旅行。

这些年，写小说，不成。写诗，不成。写旅游，不成。写乡土，不成……

茶成了最后的选择，已经没有退路。

凡是过去，皆为序章。

好吧，就从一个微刊开始。

就从一个微店开始。

就从一杯茶开始。

我这些天刷屏卖书的所有，都被春华兄总结了：

多大的 V，最后都成了淘宝店主。

会写书，还要会卖书。

《乐饮四季茶》

生活类茶书首选之作。

许多年后，一些人才发现，茶原来真的可以美化生活。比起中国人眼中的日本茶，这位日本人眼中的中国茶要善意以及美好得多。在我有限的阅读里，黄安希是第一个把六大类茶融入二十四节气的人。我对白茶的第一印象，正是来自这本书。她没有高估读者，也没有高估自己。除了茶，配的点心也常常会唤起饥饿。

没错，我编辑并撰写的第一本茶书《天下普洱》，就是借鉴这本书，有些照片甚至是完全克隆场景摆拍。

《吃茶一水间》

王迎新是一位节日感非常强的人，我

们第一次见面，她选择的是情人节。第二次见面，是七夕。那个时候，我们坐在咖啡馆，谈博客，谈旅游，谈风土人情，没有谈茶叶，也没有饮茶。从传媒人到茶人，《吃茶一水间》传递的就不仅仅是一本精美的茶书，她还见证了一位茶人的蜕变，从一个文字工作者变成一位生活家。"吃茶""瀹茶"这些她常用的词汇，古老得像我们生活在不同时代。

我以为，王迎新的存在，保留了大陆茶生活的尊严。

《绿色黄金》

麦克法兰把我们带到一个全新的茶叶世界。他认为茶叶创造了英国，并使英国成为世界上最大的帝国。英国工业革命的起源，与茶叶有着莫大关系。18 世纪几个经济最发达最活跃的地区即中国、英国和日本，同时也是茶文化最得到弘扬的地区。

他立论的主要依据是茶水消灭了细菌，这让中国唐宋时期的人免于疾病困扰，还增加了营养，这让广大的人口得以持续创造财富。人口大爆炸与成活率被归纳为在沸水与茶结合的饮食层面，同样的例子也可以解释日本 14 世纪到 17 世纪的发展过程。日本能够免于 1817 年、1831 年和 1850 年的霍乱，也与他们全民饮茶有关。而英国全民饮茶时代，正是 18 世纪和 19 世纪，刚好英国开始了工业革命，工业革命导致城市人口爆炸，聚集居住，更容易引发各种传播的疾病，但英国从 18 世纪中叶开始，许多疾病开始减少或消失，这都归结为英国人的饮茶习惯。

《茶叶之路》

政治史与文化交流中存在一些极为简单的事情，如茶叶故事。

艾敏霞研究的是 chai、JIA 和 la，而不是 tea，所以我格外关注内陆边疆上的茶叶故事。商路，一直被两种力量所左右：地理与军事。民间贸易永远早于官方贸易。任何一个时代，官方的告示都需要反向解读，官方严禁的，一般都是蓬勃发展中的贸易。在商业之路上，一定伴随着信仰，而信仰的所在地，会形成一个贸易中心。对于蒙古来说，驿站是打尖的地方，像张家口、恰克图这样的茶叶重镇，其形成有别于茶马古道上的大理、丽江。

地理决定命运。蒙古大草原在一个纬度上，这决定了生态上没有太大的变化，但是草原文明却是复杂的。一种简单的说法是，蒙古是世界的中心，它连接着中国与俄罗斯这两个代表着东西文明的强大国家。然而，悲剧也恰恰在此，蒙古不得不左右逢源，蒙古帝国短暂地统治过欧亚大陆，但很显然，它没有自己的文明。

艾敏霞试图以蒙古为中心视觉，通过茶叶来全景描述几个帝国的兴衰，但这样的努力，却在作者不可控的叙述中变得更加支离破碎。准噶尔王朝企图通过用来自中国的茶叶换取俄罗斯的来复枪，遭到拒绝，这个时候，统治整个世界的是枪，而不是茶叶。

《明清以来的徽州茶业与地方社会》

是观念重要还是技术重要？如是技术，那么明清时期徽州地区的制茶术无论如何也不会超越苏州。如果是观念，松萝茶成为绿茶代名词之时，可以看到明清之际的士大夫的消费观念发生很大变化。如果我们结合张岱等人的同期著作便会发现，明代与今天有太多相似之处，每一个人都在分享着创造的喜悦，这种喜悦，当然与茶叶进入到世界格局有关。

令人遗憾的是，徽州地区之茶，已经很长时间没有发力了。

《茶叶的流动》

武夷茶一度是中国茶的代名词，但武夷山的茶有其异常复杂的一面。明代之后，福建茶人替代长时间倒卖中国茶的契丹人，变成中国茶的代名词。从 Kitan（契丹）到 Boheatea（武夷茶），从 chai（陆路对茶的称号）到 tea（海路对茶的称号）的转变，意味着中国西北势力的式微，北方丝绸之路   不再是华夏交易的首要通道，帆海业致使海上瓷器兴起，茶叶之路纵横贯穿，让全部有迹可循。

肖坤冰努力再次把武夷茶置身于世界格局之中，现在的中国茶格局，依旧是福建人主导的格局。

《茶与宋代社会生活》

沈冬梅博士是唐宋茶史专家，她的《茶经校注》早已成为研究陆羽最权威的版本，她合作校注的《中国古代茶书集成》完成了有效的茶书大数据工程。

而她的《茶与宋代社会生活》则点亮了古代中国人追求极致生活的火焰，国人自此踏上精神越狱之路。茶人普遍认为，最接近我们所要的那种茶生活，是在宋明之际。

《金戈铁马大叶茶》

邹家驹先生是普洱茶茶史专家，在执掌中茶云南系近三十年的时间里，他事无巨细地记录下普洱茶发展的每一个节点，其大作《漫话普洱茶：普洱茶辨伪》和《漫话普洱茶：金戈铁马大叶茶》卓然自成一体，把历史与现场、学识与实践、才情与才华融为一体，是茶界罕有的文本。

《滇藏川大三角文化探秘》

这本书里，传达的是一群年轻人的野心。对一个区域的重新审视、重新命名，正应了雨果所言：当一个概念诞生之际，即便是集合全世界的军队都阻挡不了。茶马古道众人耳熟能详，但没有这本书，没有1992年的那次考察，就不会有"茶马古道"的诞生。在丝绸之路一片热闹的背景下，我们需要坐下来，想想茶叶以及我们所能幻想的生活是如何变成可能的。

《茶馆》

这是对茶馆最宏大的历史叙事，在这个喜欢总结不喜欢根究的文化氛围中，我们总是习惯拿一些总结陈词来定义某种生活，却少了那份历史叙述的冲动与勤奋。所以，对这本书，我首先就怀着敬意与感激。

一个问题却是，茶馆为何成为成都的一种显著生活方式？那些混杂的记忆与历史到底要如何呈现？王笛采用新旧图像与虚实文本来凸显茶馆的物质空间引发的社会、经济以及政治问题。在中国概念里，天下为公，缺乏的恰恰是私人空间。所以我觉得宋代以来最了不起的一点，正是茶空间（茶寮）的独立出现。但王笛忽略对茶的考察，让茶馆的来源变得可疑起来。

绿茶思维下的普洱茶生产以及消费

昨天晚上，发了一条关于热炒山头普洱茶的微博：

炒山头料最大的危害在哪里？1. 辛辛苦苦经营数十年的品牌，悄然之间，品牌效应就被山头效应取代。2. 山头料就等于好茶。从料到饼，只完成了普洱茶第一步，还有储藏等条件。3. 许多人并不懂得仓储。4. 普洱茶工艺成为笑谈，随便一个人都可以操作晒青工艺。5. 茶厂沦陷为代加工厂，与品牌渐行渐远。

后来发现，微博上有几个做纯料的人（机构）马上取消了对我的关注。一笑。其实大家关注这个事情，是基于对产业的责任，许多时候，连我们自己都不会多想一时的利益会为今后带来什么样的后果。

今天与太俊林交谈，他说我说得还不够，这其实暴露一个更大的问题，就是我们还是以绿茶思维在做普洱茶。我只是点出了做茶绿茶化的趋势，还有喝茶绿茶化、仓储绿茶化、评价标准绿茶化、商人主导思想绿茶化等问题。

喝茶绿茶化体现在大家对毛料以及生饼的追逐，拿着新茶用绿茶的标准来品饮；而仓储绿茶化则体现在越干越好，所谓绝对干仓其实不存在，我们日常湿度界定值在 30 度左右，在这一条件下，生饼储存出来的不过是"过期绿茶"而已；用绿茶的标准来为普洱茶打分，实际上危害很大，今天许多人并不知道普洱茶的发酵机理。

我们要怎么来看待普洱茶生饼？因为有熟茶作为参考，我们其实可以把普洱茶后发酵的过程，理解为生茶通过仓储向熟茶一步步靠近过程。用一个比喻就是由蛹向蝶、向蛾进化的过程，由蝌蚪向青蛙的进化过程。生饼与熟饼本是两个形态，我们所追求的那个能带来品味高峰体验的陈茶正是介乎两者之间的东西。在这一进化通途中，仓储是一个无比重要的环节。

从历史的周期来看，我们很容易找到商人对口感市场的影响。这点，我们在《茶叶战争》里用了大量事例来论证，不多言。就说铁观音这个新兴的市场，传统的铁观音是浓香型市场，后来受到绿茶化的影响，出现了清香型，结果如何？现在许多商家都纷纷掉头，回到传统市场。抛开其他影响铁观音市场的子因，我们依旧可以从工艺层面看到其快走的一面，我在福建多次听到擅改工艺给市场带来的伤害。而在这一市场周期里，铁观音结束一统天下的局面，为普洱茶、红茶的发展带来了机会。

如果普洱茶继续在绿茶思维下推进，难免会再现曾经被市场抛弃的噩梦。传统普洱茶市场，是西藏以及大藏区、香港以及珠三角区域，他们在历史中形成品饮陈茶的偏好，形成了历史事实和品饮习惯。现在受追捧的那些所谓的号级茶、印级茶，正是在特定历史环境里形成的。云南中茶系的代表人物邹家驹所谓"生茶不是普洱茶"，总结的是来自香港以及海外市场的断言，并非他个人要否定所谓普洱茶历史名称问题，可惜许多人并不明白这一点。

今年4月，我在普洱遇到香港百年老店掌门人吴树荣，他对目前普洱茶界的急功近利大为摇头，过度采摘已经让一些熟悉的茶山味道发生很大的变化。1993年，吴树荣就在他的《普洱茶漫谈》里谈到生茶的陈化期，在港仓起码也要五年到八年。其实我周边也有许多例子，在昆明恒温状态下仓储的茶，十年八年变化有多少？很少。甚至不如在沿海一些地方三四年的变化明显，所以最近几年，关于仓储的话题才一再为香港业界之外所提及。普洱茶的工艺，现在居然只谈晒青，不谈后面的仓储，令人匪夷所思。

我们一直主张用熟茶来普及消费市场，少量生茶去做投资以及储存，但现在的情况恰恰相反。现在一旦绿茶思维形成市场规模，对普洱茶的正确认识势必更加难上加难，普及和教育的成本也将成倍增加，我们努力得到一个普洱茶时代，转瞬成为过眼云烟。

中国茶叶流通协会副会长王庆在日前参加云南的普洱茶产业联盟会议上提供了一组数据，今年全国范围内的绿茶都呈下降趋势，只有云南上涨，他强调的是，这个上涨数据其实就是统计了普洱茶生饼。

无独有偶。5月6日下午，在茶马司与中国科学院昆明植物研究所陈可可、茶马司的董事长胡皓明、云南省政府的张跃鸿三位先生闲聊，也谈到许多业界存在的问题。胡皓明从河南回来，带回来许多安徽农大诸多专家的疑问，就是"普洱茶到底如何越陈越香？你们要怎么去证明它？"

我们要如何来回答这一命题？作为一个艺术概念，我们可以轻而易举地来完成，但作为一个科学概念，普洱茶则刚刚起步。

为什么谈到茶文化的时候，大部分人只会『呵呵』

12年前，我去某地参加茶文化论坛，被当作司机或秘书一类——在一群老者之中，20多岁确实显得扎眼。应邀参与的专家中，看简历，与我差距最小的人也要大我十多岁。

12年后，我再次去此地，看各位专家的简介，我还是最年轻的。"这不正常啊，难道这么多年没有年轻人参加吗？"我嘀咕道。我深知有不少青年才俊在茶文化领域做了许多扎实工作，有些人比我年轻得多，也比我有学问得多，其方法，会给茶界带来许多新思路。

在座有主办方的人，他接着我的话说："年轻一辈的，一是不认识，二是老专家多，排不开，你看今天，许多专家都没有机会讲话呢！"确实，那个下午，许多受邀来的专家，连说话的机会都没有。我不这么看，"有些专家十年前就在讲这个PPT，十年后还在讲，他们可以出台的机会有很多，为什么不给年轻人一些机会呢？"

他沉默了一会儿，对我说："要是邀请的人名气不大，可能申请不到经费。"我还是那个问题：如果都不给年轻人机会，年轻人又如何来展示自己的才华？

最令我感到意外的是，有一位专家拿着我的观点在台上展示，而我就坐在他身边，他却不屑于与我交流。

在某一次的论坛，一位年轻的女性因为讲得太"肤浅"，被当众轰下讲堂。当然，被批评的不只是她一人，还有许多老前辈。那大约是我唯一见证过的"严肃"论坛，也因为那一次，是专家讲给专家听，而不是面对大众。事后她诉苦说，她是研究茶保健的，因为来参加茶文化论坛，才选了这个题目，功课没有做足。

茶文化这个主题，在茶界好比万金油。

我曾受邀去某植物学背景的研究所听讲座，本来以为可以听到与茶相关的植物分类、功能分析之类，结果一个下午都在讲"发乎神农，兴于唐，盛于宋……"以我这肤浅的认知，都可以揪出几十个大问题，跨学科不是不可以，但为什

我参加各种茶文化论坛，在各种"专家"中经常是最小的。图为2014年，我参加许嘉璐先生主持的海峡两岸茶文化高峰论坛现场。

么大家都喜欢丢掉自己的主业攻副业呢？我还是问了他，为何要这样选择？

他倒是很坦诚地说，这么讲简单一些，要是讲显微镜下的东西，不要个三五年时间，出不来成果的。茶文化嘛，你懂的，翻翻资料，一两周就可以说出个一二三。他最后总结说，爱茶是自己的兴趣。茶，无论是研究文化，还是功效，还是别的什么，在研究机构都不会有地位。

民间讨论茶文化很热烈，高校却很冷静。这是为什么呢？研究茶文化的人在研究机构没有地位，茶文化研究者大部分是副教授，这是因为没有支持茶文化的学术阵地。CSI、CSSCI都没有专门的茶刊物。想想也是，我接触的正教授，论文都是从茶外延入手，一半以上是人类学角度，另一些是园艺学角度，还有微生物、植物学角度……但少有茶文化的。

兴趣爱好，还是等饭碗稳了再说，这是大部分人给我的建议。

茶文化并非一个学科，这些年茶热，研究的人才逐渐多起来，但大多数人，都没有经历过专业的学科训练，承接的还是明清以来的小品文范畴。这大约是大部分人对茶文化的态度，书翻一翻，儒释道摘几句，装到茶文化这个框里。说错也不会错，说对嘛，就呵呵了，反正大家整体认识也就这一水平。

06

我
不
想
影
响
千
万
人
，
我
只
想
影
响
你

　　施继泉给我发信息说，在杭州报名去宋聘茶书院的人很少，只有十来个人。

　　他有些担心冷场，我知道他背后的意思，他更担心的是我，怕我会不开心。

　　我答复他说，即便是只有一个人，我也会讲下去。

　　有人，固然好。没有人，不是也有他在？两个人，恰好可以交流得更深。

　　有很多次，我只面对一个人。

　　我很努力地在白板上讲。有些时候，我一个人。我写给自己看。

　　我这趟出行，非常累，却还是继续十月初就定下的行程。

　　到一个城市，在一所大学和一个民间机构讲讲。

　　能够影响到一个人，就是一个人。

　　下面坐着一百人、一千人，你也未必会

影响到其中一个人。

但下面坐着一个人的时候，你确实可以影响到他。如果你连这个人都影响不到，未免太悲观！

上大学的时候，我主导过两个社团，经常组织活动，最后被深深影响的人，是我。

上个月，在张赋宇的豪宅里，他说起我邀请他去云大做过的一次讲座。

我不仅记得，还很清楚那份书单。他推荐了林达"近距离看美国"系列，金观涛的《在历史表象背后》、茨威格的《昨日的世界》、尼克松的《领袖们》、刘军宁的翻译作品……那是一个泛政治的书单，我不仅读了那些书，并推荐给许多人读。老张现场背诵尼克松赞美丘吉尔的名言"有人生来伟大，有人变得伟大，有人的伟大是强加的"，我没有打断他，我还记得，这是莎士比亚说的。

我只是告诉他，你的那次讲座没有白费，至少影响了我。

只要影响了一个人，就是值得的。

我会影响到谁，我不知道。也许，还不到关心与盘点的时候。

今天下午，我才参加完王旭峰老师组织的一个学术论坛，大部分时候，我喜欢听，不喜欢讲。

听的时候，会有昏昏欲睡的时刻，但也有被猛然惊醒的时分。看着那些精心制作的 PPT，听到那些无数次打磨的观点，我会掏出手机，分享给那些未到现场的人，也提醒我在某一刻可以回忆。

李宝儿以同样的理由要调整上海讲座时间表的时候，我其实想告诉她，重点是我来到你的地方讲，而不是有多少人会来听。邀约几个小妹，交流得不是更深入？但我还是尊重她的决定。

有些人写书，不会过问那些书何去何从。

我不同，我关心书的命运，从书进入流通领域开始，我就会持续关注它的走向。

我有很多书在获得赞美的同时，也会受到无数的辱骂。

发自内心的赞美令人愉悦，发自内心的鄙视令人警醒。

我期待美好，也在收获不堪。

但是书啊，毕竟有着商品的属性，我总是建议那些读错书、抱有太多期望的人，能退就退，退还给供应商，不要让懊恼的情绪波及生活。

一个人的书架，怎么能被一本书毁了呢?

每一次搬家，我都会丢弃一大堆书。

有些时候，我想到不是脑子坏了，而是根本就没有脑子。

07

我为什么要在朋友圈开课

这是一个大约两年前就想践行的项目，但一直被持续的忙碌与奔波打断。

很多人问我，一个天天赶飞机、赶场子的人，他哪里来时间阅读与写作？

我回答白茶仙子的时候说，阅读是习惯，我每年大约会买200本书，写近200篇文章。

2009年，在丽江机场，我写过一个短文，讲我在飞行途中阅读过的书以及写下的文字。猫猫有一次坐飞机，惊呼道："怎么这些书家里大部分都有？"

抛开她略带夸张的口气，一个事实是，每次在机场书店，都会至少买一两本书。在飞机上，除了睡觉，大约就是读书。

羁旅中，阅读是一服良剂。

坐公交车时段，从王旗营到金殿，如果读罗养儒，大概能看35页；如果读金庸，能看到 60 页以上；如果很不幸带了康德，那么看不了十页就会睡着了。最适合读的，却是那些诸子与唐诗，短文短句配上晃荡与摇曳，总在解与不解之间。

三年时间，我为一个"公车上书"的文件夹写了近乎十万的文字，其中有不小心听到的昆明各地菜市场的评价，也有填滇池与拆迁昆明城墙的往事，还有知青对故土的怀念……公车也变成了城市的检阅器，历史、人群，还有冷冰冰的现实。

我周边的人，阅读习惯与状态截然不同。

续亮兄喜欢在深夜读出诗歌的声音，打破夜的寂静，翔武兄能够在麻将桌边看完一本拉美作家的小说，而京徽兄一直把小说存放在手机里，不错过任何一个等人的时间，至于海潮兄，他把厕所当作书房……

海潮兄每本书上都有题签，写着某年某月某日于某地购买，缘由若干。怀刚兄车上，装了全套英美大学的公开课，他一启动马达，声音就从大西洋跨越而来……

有很多人，给予我灵感。

总有人不甘心被碎片化占据。

阅读和书写成为可能，在于对自己时间的可控。

书房留给了黑夜，书包流落在站台、飞机场、茶馆、咖啡厅、郊外……从一个地方辗转到另一个地方，羁旅让写书变得异常。

食物悄然敲打味蕾的极限，空气清新从面容便可获知，手机信号强弱成了判断一个地方发达与否的标志，但只有文字是自己的。文末，写下某时某地，情绪便沿着蓝黑墨水的笔迹荡漾开来。

好了，我们回到开课的主题。

构建一个知识性的社区，是我一直的心愿。多年前，我被一个书院理想吸引，但这个想法彻底破产后，我不得不另起炉灶。

然而今天，微信带来了很大的想象空间，让我可以少跑些地方，别人也可以躺在沙发上，喝着茶，一起讨论一些美妙的段落，寻找一段共属的时光。

讲课对讲师来说，也是梳理自己知识系统的过程，他要把自己最美好的一面显现出来。我以为，这是对我以及我们最好的磨炼。

2016 年，我期待与你一起同行。

附：一些疑问以及老老实实的回答

1.这个课程看起来很高大上，我只是一个生产茶的，有必要来学习写作吗？（有十多个人问到这个问题）

我在回答一个企业主的时候说，难道你的茶品不需要一种更适合的描述？

2015年，我参加天津、东莞、广州、青岛、成都、深圳等地茶博会，整个会场上都充斥着"古树""纯料""山头"字句，那些美轮美奂的特装展位和美学空间，因为千篇一律的描述词语而丧失了独特性。

在微博、微信、微刊以及其他媒介上，我们被美茶、美器、美人、美图吸引，最后却输在了干巴巴的文字上。如果文字无法为空间营造氛围和语境，无法描述和传递来自茶的愉悦，那么茶界的希望又何在？企业家的努力又有多少可保留价值？

你相信吗？就我的茶界朋友圈，有80%的人只会发图，20%的人配文字；又有90%以上都是"商品文字"的复读机；有40%的人只说"禅茶一味"和"感恩";参加茶会和书写品茗感受的文字,90%都写成了流水账(流水账其实也可以写得很好),也有精心布局写字的人,但估计他们自己都不知道在写什么。

《茶业复兴》开辟了一个关于"茶叶书写"的群,在我精力有限的那几周,我们从群里挑选了几篇不错的范文,我以为,那些是因为交流产生的价值。

最为重要的是,文字可以把你的产品变成作品。

2. 是不是上了这次课,就一定写得出惊人的文字?(起码有 20 个人问到类似的问题)

怎么可能!我大学四年,有几十位中文系的老师耳提面命,结果……还是要归纳到"自学成才"一类。不过,当我尝试兜售我的写作秘密时,我显然是在承诺,如果兑来,我所授之物起码对得起你的血汗钱。

文字要直面内心。通过文字,我们体察生活、关照内心。词语生长之地,必然会让经验鲜活,让我们的表达方式不只是"点赞",而是细致、精蕴，充满变数……

就在那个饮茶空间里，你从木头的纹理中发现了庄子在里面坐论，这是初中语文课的经验参照，你在泉水的叮咚中间察了心态的变化，你在灯盏上看到火的精神，看到色彩的重叠，你在朋友的眼神中捕捉到了欲望与情谊……

仅仅为了一杯茶，有了如此多的铺垫。茶是复杂的，我们需要调动太多认知信息和情感，而茶又如此简单，你只要喝下去！

所以，我们既要写吸引人的文字，也要写感动自己的文字。我们谈写作的技巧，谈怎么去开头结尾，也谈忠于我们的性情和才华内质。

我们提供了一种可能，唤醒你的内心。

3.这些课程适合哪些人参加？（连我的团队都在问这个问题）

计划经济下的作家已经被瓦解了，自媒体的崛起让每个人都成为作家。剑客谈剑气、茶客谈茶气、人谈人气……我以为，写作起码会赚到人气，你看，我这人气还算旺哦！

其实有不少企业家邀请我去为他们的员工做培

训、谈创作、传播、知识管理，这说明了企业对知识的需求。在我做顾问的企业里，这些需求越来越明显，大家都想脱颖而出，好的思维永远是第一位的，作品是思维的产物，产品只是需求的产物。

今天，张小龙说到对原创文字的倾斜，我们相信原创的价值。尤其是在这个创作者相对不多的茶界。

08

这一年，属羊。

这一天，皇历上写着：宜嫁娶、订盟、斋醮、祭祀、祈福、会亲友……

换成我的行程单后，就会是宜以茶会友，宜以茶祈福，宜以茶祭祀。

何况，昆明如此炎热，除了喝茶聊天，实在让人生不出干活的欲望。

一听说可以品到一套完整的十二生肖茶，办公室的小伙伴按捺不住了。不属羊的李扬说，我带"yang"，要参加。杨静茜说"我们全家都带 yang"，要参加。

在这里，我属羊。上一个羊年，我拉着行李箱，四处流浪。

这一个羊年，我依旧拉着行李箱，四处行走，有着明确要抵达的地方。

在六大茶山办公室，从猴到羊的产品一字排开，饼子背后，站着与属相对应的人。

在茶里，我找到对抗时间的方式

十二饼茶一字排开，五克五分钟开汤评审，品的是茶香，还是岁月？

我属羊，属于我的那饼，刚刚出炉，还散发着青草气味，阳光尚未散尽，工人的余温亦可触摸，它从众人的欢笑中，跌落到我的手上。

哦，一个属羊的人，一饼属羊的茶，它来自哪里？

在城里待太久，我已经快感受不到山川的野气、大江的拍击声，以及草木间的窃窃私语。

而今天，他们却要我打开嘴巴，搅动舌尖，捕捉这曼妙的香气。

在桌子的最远端，是"猴饼"，它的名字是"悟空"，来自2003年。

悟空，是国人熟知的大师兄，法力无边。在云南的语境里，"猴"（音）还有另一层意思，它意味着能干，有好彩头。春节过后要上班的人，都会选在属"猴"这一天，一个被称呼为"猴"的人，都是超越了普通与平凡的人。

我可以理解一个茶企，为何在十二生肖里，选择猴作为开端。

也是在上一年猴年（2004年），我主编了第一本关于普洱茶的书。那本书里，我们写了一个属羊的女人，也是今天的主人：阮殿蓉。

爱上茶后，能记录我成长轨迹的，除了文字外，还有茶。

再后来，还是我主编的《普洱》杂志创刊号，又采访了阮殿蓉。那一年，属猪。对应的茶饼上写着"八戒"。

2013年，我要创业的时候，再次敲开了这位优雅女士的门，她没有过多考虑，答应出资百万，设立一个传播大奖。她感慨，多年过去了，我还在继续写书，她还在继续做茶。

阮殿蓉女士感慨，十二年的味道，贵在坚持。下一个轮回，即将开始。

时间打败了多少英雄美女，却成就了一饼茶。

这一年，是蛇年。我女儿诞生，她收到了很多份自己的出生纪念饼。一个闻着茶香长大的孩子，会有什么不同？如同我们好奇，那些过完成年礼的茶，到底会给我们什么样的惊喜？

正是有一份期待，我们多了希望。活在希望中，伴随美好祝愿，人会乐观、豁达。

从那一排茶饼走过，我看到遗失的光阴，看到痛楚，也看到欢笑。

一轮过来，我也为自己心仪的茶打了高分。到龙饼的时候，我发现了茶汤很明显的变化。喝到牛饼的时候，又是一变。到了二师兄八戒这里，已经有了更多惊喜。

茶汤的深浅，是岁月留下的痕迹，时光抚平的是最初的苦涩。

在茶里，我找到了对抗时间的方式。

在下一个轮回，你又会在哪里？

普洱祭祀茶祖大典那句话在耳边飘荡：草木青人悦，草木柔人善，草木枯人衰，草木盛人旺。

09

泉州港的开辟，让福建人较早置身于世界之中，并最先领略到了茶、瓷、丝对于世界的意义。时至今日，福建人依旧固执地认为，只有三者结合，才能传达出一种中国式的声音。这点，从观察福建人开的茶店就可以知道，丝绸是茶的柔软外衣，茶被包裹、缠绕，之后安详而华贵地躺在精致的茶盒中，等茶被取出来品饮时，便与甜美的瓷器发生了关系。

柔软、坚硬、可饮，制造出一个梦境，只要人置身于茶馆，便可触及华夏三大物质文明带来的高级精神享受，加上泡法极为讲究的福建工夫茶，品茶人每一步都被推往茶神的境界。这种随处可见的日常品饮场景，被福建人带到任何一个烟火之地，无论是在冰天雪地的东北，还是在西南边陲之地，你都可以领略到福建人那种热情到令人生怯的精神。我多次听闻到这样的描述："福建人

从茶看福建人的精神

可热情了，劳烦了人家半天，不好意思不买点茶。"

英语世界里茶的叫法源自福建方言，这令福建茶人感到自豪，却不能成为福建人承担中国茶命运的主要理由。

事实上，我们得知，福建在中国的饮茶史要晚于许多其他地区。茶在公元 500 年左右从云南辐射到福建一带，晚唐以及宋代对建安茶以及建安窑的推崇，让福建茶长活在茶话语体系中，福建人喜欢斗茶、喜欢研制茶的不同品质。到了 20 世纪 70 年代，中国茶叶专家陈椽（福建惠安人）根据制作工艺，把中国茶分为六类时候，福建茶占据青茶、白茶、红茶、绿茶四席，这依旧是当下福建茶人傲点之一，并为福建成为中国第一产茶大省奠定了理论基础。

另一个重要理由是，明代之后，福建茶人取代长期倒卖中国茶的契丹人，成为中国茶的代名词。从 Kitan（契丹）到 Boheatea（武夷茶），从 chai（陆路对茶的称呼）到 tea（海路对茶的称呼）的转变，意味着在中国西北势力的衰落，北方丝绸之路不再是华夏贸易的主要通道，航海业导致海上瓷器兴起，茶马古道的纵横贯穿，让一切有迹可循。

今天喜马拉雅山下印度的大吉岭茶园，就是"植物猎人"一次又一次大掠夺的结果。19 世纪上半叶，英国东印度公司计划在其殖民地建立茶园，但没有成功。公司遂派茶叶盗贼罗伯特·福琼到中国非法采集茶种、茶苗，偷偷学习种茶方法，并寻找茶工。

罗伯特·福琼在 1839 年至 1860 年间曾四次来华，1851 年 2 月他通过海运，运走来自宁波、舟山、武夷山的 23892 株茶树小苗，1.7 万粒茶树发芽种子，同时带走八名中国福建制茶专家到印度的加尔各答，这直接导致了目前印度及斯里兰卡的茶叶生产兴旺发达。

此后，印度的茶叶开始取代中国的茶叶登上贸易舞台。从稍后的情况大致可以推测出，当时被挖走的福建茶工是精于红茶的高手。

18 世纪，迷恋上茶的英国人还不知道，红茶和绿茶居然长在同一棵树上。所以，当茶叶盗贼罗伯特·福琼宣称红茶与绿茶不过是不同工艺的产物时，在大英帝国掀起的争论可想而知。在中国的传统里，茶神秘莫测的身世一直隐藏在皇家深宫大院与名山大川之中，被当作罕见的礼品往来于皇亲国戚、机要大臣以及外国使节之间。那些年的文人、工匠、官吏一度被告知，要守护茶制作的秘密——皇家企图用秘而不宣的方式来维护茶的身份与尊严。

把一切归罪在那班人身上，会是冒险的尝试。

在一个以绿茶为母体的国度，任何一种尝试，都会被视为冒犯传统。红茶的起源被追溯到福建崇安的一些制茶小作坊里，满足一些民间茶爱好者换嘴瘾的需求。事实上，其他茶类亦如此，黄茶的制造者被许次纾在《茶疏》里贬得一塌糊涂，他斩钉截铁地说，这帮庸才做废了的绿茶，是下等人的食物，算不上饮品。嘉靖年间的御史陈讲疏说，四川、湖南的黑茶，只是销边地区换马的物资，算不上什么好茶，最多也是中二品而已。现代白茶还是从绿茶的三色细芽、银丝水芽发展演变而来，所以受到的批评最少。

基于此，我们是否可以说，福建人的那种天下观，至少是类似"中国吉卜赛人"这样的动荡感，得益于他们的这种"偷渡"精神，这种精神在中国茶界有着更直接的体现。

如上所说，中国的传统，是绿茶传统，如狮峰龙井、洞庭碧螺春、六安瓜片、黄山毛峰、信阳毛尖、太平猴魁、庐山云雾、蒙顶甘露、泉岗辉白、君山银针，但是一份命名为十大名茶的名单中，赫然挤进了安溪铁观音、武夷岩茶。我花了很大力气考证所谓十大名茶的出处，最后颓然放手，那是一个子虚乌有的命名，没有任何官方说法，更多的是民间口碑。但在"十个卖茶人，八个出福建"的茶界，你要相信多数人的原则。

2010年上海世博前夕，这份名单再次被修订，在安溪铁观音领衔居首之下，武夷岩茶自然在列，福建人再次把自己着力打造的福鼎白茶送进十大名单；同时，上海也宣布，2009 年上海人茶叶消费中，铁观音取代龙井占据第一。在一份中国名茶的榜单上，福建拥有 28 个名茶同样雄踞冠军，其后的安徽不过 11 个。

福建茶人这种精神，不仅体现在对外，对内亦如此。功夫茶（工夫茶）最初的指称，被确定在最好的岩上武夷茶小种，在清代嘉庆年间，安溪茶都被视为下者，转眼时过境迁。工夫茶，不仅喝茶要下功夫，制茶要下功夫，卖茶，更要下功夫。

普洱茶的历史与现场

在中国，没有哪一类茶会像普洱茶这样缺乏完整的表达，主要原因在于，普洱茶的话语被历史、地域、人群以及商业稀释，显得零散而混乱。

具体而言，典籍与历史中的普洱茶和当下所言的普洱茶，并非一种承接关系。普洱茶的原产地及其主要消费地的人群长期以来，难以取得共识，而商业力量的崛起，则在很大程度上改变了普洱茶的面貌、工艺乃至存在形式，这些都增加了对普洱茶的认知成本。也因为如此，普洱茶反而显得魅力四射，让人横生重塑欲望，余秋雨的《品鉴普洱茶》可视为这方面的典范之作。

认识普洱茶的常规路径，往往与历史话语有关，这也是早期和当下研究者角逐最多的领域。他们手胼足胝、筚路蓝缕开创了一个连他们自己都意想不到的普洱茶时代，在遥远的边陲云南，能够调动的典籍（汉文以及其他少数民族语言）可谓麟角凤毛，有限的云南茶信息只有借助历史语言学的放大镜，才能一步步被挑选并还原。

让我们放弃对汉唐的追溯，直接切入到普洱茶成名天下的清代。

普洱茶命名的起源，被采纳最多的说法是普洱府的建立。1729 年（大清雍正七年）清政府在今天的宁洱县设置了普洱府，普洱茶因为在此交易、流通因而被人所熟知。普洱茶在历史上的只言片语，无法令人满意，解释起来往往也令人困惑。就这一点，早在道光年间，阮福（1801—1875）就强烈地表达过。

阮福乃经学大师阮元之子，云南的金石学家，他在《普洱茶记》里说："普洱茶名遍天下，味最酽，京师尤重之。"然而他到了云南才发现，这个大名鼎鼎的茶叶，在历史的典籍记录可谓少之又少。万历年间的《云南通志》，不过是记载了茶与地理的对应关系。清乾隆年间的进士檀萃同样只是在地理上做了六大茶山的分类。（《滇海虞衡志》："普茶名重于天下，出普洱所属六茶山，一曰攸乐、二曰革登、三曰倚邦、四曰莽枝、五曰蛮砖、六曰慢撒，周八百里。"）鉴于此，阮福进一步记录普洱茶的成型路线图。

如果没有朝贡贸易，普洱茶即便是在清代如此盛名之下，也不会有太多的笔墨记录在案，因为这些早期书写者，没有一个人抵达茶山深处，我们也就无法获得茶山现场传达出的任何细节。尽管如此，阮福还是从贡茶案册与《思茅志稿》里转述了一些他比较关注的细节：1.茶山上有茶树王，土人采摘前会祭祀；2.每个山头的茶味不一，有等级之分；3.茶叶采摘的时令、鲜叶（芽）称谓以及制作后的形态、重量和它们对应的称谓，等等。

《普洱茶记》因为多了一点料，便成为普洱茶乃至中国茶史上著名的经典文献。从20世纪30年代开始，因为要论证云南是世界茶的原产地，阮福笔下茶树王的细节一而再再而三地被扩大化，事到如今，已经形成了每每有茶山，必有茶树王的传说与存在。而其祭祀茶树王的民俗则被民俗（族）学家、人类学家在更大的范围内精细研究，甚至被自然科学界引入作为证明茶树年龄的有力证据。在普洱茶大热天下后，《普洱茶记》再次被反复引用和阐释，同名书更是多达几十本，其核心也不外乎阮福所谈三点细节的扩大化。

比如讲究一山一味，出现了两种截然不同的制茶思路。一是用正山纯料制作普洱茶，二是把各山茶原料打散拼配做成普洱茶。就普洱茶历史传统来说，前者一直占据了很大的市场份额，也诞生了许多著名的老字号，比如"同庆号""宋聘号"。这些老字号后来虽在云南境内消失了很多年，但老字号商铺的后人（也许并非如此）在近十年的时间里，又借助商业的力量把它们复活了。令人惊叹的是，经销这些老字号的外地茶庄还健在，香港的陈春兰茶庄（1855年创建，是目前中国最老的茶庄）以及其后人吴树荣还在做着普洱茶营生，市场上的正宗百年号记茶几乎都出自"陈春兰"。

这些"号记茶"为我们追寻普洱茶的历史提供了丰富的视觉，也是普洱茶能够大热天下的第一驱动力。2007年，首届百年普洱茶品鉴会在普洱茶滥觞地宁洱的普洱茶厂内举行，吸引来自海内外数百人参与观摩。有幸参与品鉴百年普洱茶的不过十多人，但围观人群多达上千人。我躬逢其盛，品鉴并记录当时参与者所有的感官评价，在赞誉与惊叹中，也有一些疑惑之处。百年"同庆号"茶饼内飞云"本庄向在云南久历百年字号所制普洱督办易武正山阳春细嫩白尖叶色金黄而厚水味红浓而芳香出自天然今加内票以明真伪同庆老字号启"，我们在此分拆信息：1. 普洱茶在百年前就有百年店。2. 普洱茶讲究出生地，也即正山。3. 普洱茶有采摘时间，阳春。4. 以"细嫩白尖"为上。5. 色金黄。6. 汤红且芬芳。7. 当时就有假的同庆号。

然今日看到的"同庆号"非细嫩白尖芽茶，而是粗枝大叶居多，与内飞严重矛盾。内飞文字自然是真，茶就不好说，到底是当年的假货，还是当下的，不得而知。昔日作为判断真假的内飞，多年后依旧是有利的证据，茶饼逃不过历史的逻辑。

所幸的是，市场并非唯一的判官，北京故宫里层层把关的普洱"人头贡茶"还完好无缺地保存着。2007年，普洱市政府操办了一场盛大的迎接贡茶回归故里的活动，投保值高达千万的一个"人头贡茶"巡展让上百万爱茶人顶礼膜拜。有人在普洱茶中看到了时间的法则，也有人看到金山银山。不到十年时间，普洱茶界诞生了中国茶界的第一品牌，普洱茶产值从数百万升级到数百亿，缔造了农产品不可思议的神话。

然而，许多人没有耐心，不是吗？所以，2007年，普洱茶市场崩盘了。那一年，我写下了一篇流传甚广的文章——《时间：普洱茶的精神内核》，无非是说，普洱茶必须活在足够的时间里，才能成为艺术，才能形成自身独到的美学体系。

我的朋友中，有相当多的人在坚持传统纯料的做茶路径，邱明忠和他领导的臻味号仅仅用了四五年的时间，就打造成这一系列的知名品牌。陈升河和他的老班章茶进一步加剧了纯料市场的争夺。一时之间，古老的六大茶山被新的山头取代，老班章、冰岛、昔归、曼松等小村寨成为炙手可热之地。大数据时代，许多人会讲述拼了老命才购得的三五斤的经历。

拼配是普洱茶另一个传统，也可以说，是茶叶能够市场化最大的传统。许多人并没有意识到，拼配其实是一个科学概念，它来源于英国人掌控下的印度茶，而非中国。我们的传统虽然讲究味道殊同，但只是个人经验和口感判断，而非建立在对其香味、有益成分的生化研究上。简而言之，我们只有茶杯，人家有实验室。

印度茶能够异军突起，就在于英国人采用了不同的搭配，把茶叶香气、滋味、耐泡度都提升到了新的层次。正是因为拼配技术，诞生了像立顿这样的大公司。1900年后，华茶处于全面学习印度茶的阶段，为了在国际市场上站住脚，拼配茶是他们学习的主要内容。20世纪30年代，李佛一创建的佛海茶厂（即勐海茶厂）、冯绍裘创建的凤庆茶厂（演化成滇红集团和云南白药红瑞徕）都是根据这一理念，更不要说现当代的这些改制后的老国营茶厂以及他们培养的技术人员，和他们之后创办的那些形形色色的茶业公司。

纯料与拼配可以说是一个伪命题，我不想介入，只想结束。在品牌力量没有形成时，追求某地与某茶的对应关系很容易造成严重的后果。比如普洱茶与老普洱县（今宁洱县），宁洱成为普洱茶集散地后，当地茶并没有享受到普洱茶产业带来的太大好处。一个主要原因是，许多人不认可此地的普洱茶。罪魁祸首居然就是阮福的《普洱茶记》。阮福说宁洱并不产茶，其实这个地方在道光年间绝对产茶。阮福没有到茶山的毛病，感染了许多人，茶学大家李佛一（1901—2010）在20世纪40年代、庄晚芳（1908—1996）在20世纪80年代都延续了这个说法，哪怕是近十年出版的著作，也还有人继续说这里不产茶。

历史话语的力量，当下还在发挥作用，你随便咨询一个普洱茶界的人，他们盘点完所有的茶山，也想不起来宁洱有个什么著名茶山。2007年，老普洱县更名为宁洱后，进一步加剧这一情况，姚荷生在20世纪40年代的叹息仿佛又闪回，他如此感慨：这个昔日的茶叶重镇已经被勐海所取代。而现在，就连与它名称相关的称谓也消失不见了，只有高速公路边巨大的广告提醒你，这里有一家叫"云南普洱茶厂"的企业。

2007年，我们就在宁洱的普洱茶厂举办了第一届百年普洱品鉴会。当时的县委书记就对我说，因为大家都说这里不产茶，他们都在推广上花费了很多工夫，费了许多唇舌让消费者相信本地所产普洱茶的正宗和优质，但效果还是不佳。

太多人懂得利用历史来增加文化筹码，但历史也有被架空的时候，这考验每一个人的智慧。

11

泽军兄昨天夜访《茶业复兴》办公室，觉得这里太寒碜，几乎都是空的，于是他决定送一些家具和茶过来，说到茶，他说："估计你也不会卖，送了吧。"

我回答："这里像不像我们多年前说起的空间？有茶有书，虽简单，但确实能解决一些需求，比如阅读，比如我们即将开始的话题。"

书柜上有我们合作的作品：《天下普洱》和《云南茶典》，同坐的陈绪武先生说："十年后，两本书看起来还是那么饱满。"

十年前，我们不知道普洱茶会走到什么地方，只记得在易武，在思茅，几次喝得酩酊大醉，找不到回房的路。那是一个意气风发的时代，兰茶坊开了近 200 家连锁店，龙生吸引了 4000 万的风险投资，有近十万亩的茶园，上市只是时日问题。

没有喝多的时候，泽军会说，我给你

一书一茶，足以慰平生

1000万，你去过你想要的生活。我们出差途中，经常住在一起，谈谈诗歌，谈谈令人绝望的生存环境，也会谈起某些女子，她们美好得令人时常想起。

只是，我们都要过自己的生活。一本书开启了我们共同的生活，让我们十年后，还可以坐下来，回想起那些细节，提醒着我们一起走过的路，泥泞，坎坷。

时代已经变了。昔日的小兄弟司祥龙，在刚刚结束的"双十一"购物节，仅仅一天就卖了1000万的普洱茶，成为云南普洱茶的电商大佬。我们今天的主题是，青春再次出发，为古老的茶产业讨论新媒体、新渠道以及新思路。

但书还在，还有价值。

杨泽军翻开旧书，找到那些他拍下的照片、写过的文字，那个时候，他与我现在的年纪差不多大。终于，我也到了有一把年纪的时候。我招募一群年轻人，做着一直以来我们都在做的事情。

喝茶，读书，写作。

我在丽江秋月堂看到《天下普洱》的最初版本，它破烂得不成样子，画满了求知者才看得懂的符号。

灰灰拿着这本书，来到《普洱》杂志，因为有这本书，我们谈得非常愉快。许多年后，因为另一本书的出现，我们再次见面。

在王淼那里，我又一次看到这本书，像魔咒般地诉说着，一个茶乡女子有着怎样的茶叶情感。

当初写这本书的人，大都难以见面。子语去了腾冲，经营着美玉。缪芸在英国读博士，朱霄华已经不搭理我，周慧与张亮不知道在何处，艾田还在百茶堂，但我们十年中，也只见过一次……

书里写到的人，一个个都成为大拿，木霁弘、阮殿蓉、邵宛芳、刘荻……

一本书的价值，往往在意想不到之处被深深挖掘。回想在十六年的写作生涯里，我参与出版的书不下百本，真正有流传的，寥寥无几。

我应该感到悲哀吗？

不。

后来杨泽军总是出现在我的采访以及致谢名单中，再次写下这个名字的时候，我淡忘了他一次又一次忽悠我的现实。

多年以后，当吕建锋冒着大风险要为《茶业复兴》一周年出一个纪念饼的时候，我想起了《天下普洱》。如果没有这本书，我们又如何诉说时光？

在王淼那里，我又一次看到这本《天下普洱》。像尼姑般地诉说着，一个茶乡女子有着这样的茶叶情感。王淼喝茶的样子，安静，从容。

我也希望再过十年，有人拿着这饼茶来找我，说说这些年的转化，发酵。

我贴着传媒人的标签四处行走，有些时候会是学者，有些时候是记者，有时是作家，无论如何，我感兴趣的不是茶，而是对茶的看法。

因为看法，我们越走越远。因为看法，我们在一起。

我们的情感，需要一种介质。一本书，一饼茶，会让我们坐下来。

好好聊聊。

12

茶马古道，行走文化的奇迹

"茶马古道"这一概念是在20世纪90年代初提出来的。现任云南大学茶马古道文化中心主任的木霁弘和北京大学中文系教授陈保亚等六人，于1990年经过三个多月的实地考察，撰写了《滇藏川大三角文化探秘》一书。

云南是世界茶的原产地，从云南开始的茶叶传播和贸易路线，首先在巴蜀一带得到明确记录，然后一直向北、向东，再向西、向南而形成了当今世界的茶叶布局。它贯穿了整个横断山脉，跨越中国西部多省区，连接着30多个民族、8000多万人口，向北连丝绸之路，向南连瓷器之路，波及世界更远的民族和区域。作者提出中国向世界输送茶、瓷、丝这三大物质文明时，形成了南方茶马古道、北方丝绸之路和海上瓷器之路。

茶马古道是探险旅游者的乐园。为什

么在中国西部到现在还会有茶马古道存在？为什么至今还有人靠古老的人背马驮来维持日常运输？原因有两个：一是特殊的自然地貌，二是众多的民族分布。

世界上海拔超过 8000 米以上的高峰共 14 座，其中有 9 座都在中国西部拉萨。而世界上海拔超过 5000 米的高峰，仅在中国西部的就有喜马拉雅山脉、横断山脉、大雪山、岷山等。从西北部青藏高原连接到西南部的云贵高原，海拔虽然下降了 2000 多米，但依旧是山脉连片，有哀牢山、苗岭、乌蒙山、大娄山、武陵山等。另一端，还连接着黄土高原、秦岭等。青藏高原几乎是中国主要大河的发源地，如长江、黄河、澜沧江、怒江、雅鲁藏布江等。

但是，没有人，就不会有道路的出现。在这些高山大河之间分布着众多的民族，有着各自的物质需要，他们之间的长期物质交换，使茶马古道成为可能。在这条道路行走，既是视觉大餐，又能体验到不同的民族风情。

行走茶马古道，从云南开始，可以体验上千年的雨林古茶园，感受生物的多样性以及流传几百年的制茶工艺。茶马古道上的虎跳峡，落差高达 3000 多米，而梅里雪山和白马雪山之间的澜沧江，即使是在今天，通过时都必须借助于溜索。

美丽的雪山、纯净的树林和咆哮的江河塑造了我们对生命的最初信念，可是它们也在一定程度上阻挡了人类前进的步伐，而正是茶的远征，创造出了人类历史上最了不起的贸易线路。贸易带来的城镇和集市的兴起，现在沙溪镇、鲁史古镇、丽江古城、独克宗古城、哈拉库图城、昌都、西昌等，都是茶马贸易创造的高原明珠。

行走茶马古道，还能体验到多民族的融合与和谐，它见证着中国乃至亚洲各民族间千百年来因茶而缔结的血肉情感。文成公主进藏带动藏区广泛饮茶，宋代在西北大兴茶马互市，明清两代以茶治番，从任何一个节点都可以找到茶叶于民族、经济、政治、民生的伟大价值。藏族民众说"茶是血，茶是肉，茶是生命"，藏族史诗《格萨尔》说："汉地的货物运到藏区，是我们这里不产这些东西吗？不是的，不过是要把藏汉两地人民的心连在一起罢了。"这是藏族人民对茶以及茶马古道最深刻的理解。

茶马古道是民族迁徙的走廊，它为人类寻找永恒的家园提供了许多实证。拿云南省迪庆藏族自治州小中甸村来说，村民平常都恪守藏族习俗，通用藏语交际，但现今老一辈的人还能说纳西语，而中甸县、德钦县等地的许多藏语词汇

2009 年，我、木朵弘、桥海潮考察茅门站的时留下的合影。

就来自西南官话。在某种层面上，正是茶马古道的开拓性，才使得那些世居在被高山大川所阻隔的区域的民族有了对外交流的机会。始于南诏国时期的罐罐茶，现在不仅流行于云南广大区域，还在四川、甘肃、湖南、陕西等大部分地区通行着，这不能不说是一个令人称奇的事情。

当下，由于茶马古道区域自然生态和文化生态极为脆弱，加之西部地区经济建设的蓬勃发展，不可避免地要涉及各类历史文化遗迹的保护与开发问题。好在国家层面上在 2010 年 6 月启动了茶马古道的保护计划，2011 年 3 月茶马古道顺利通过了第七批全国重点文物保护单位的评审工作，包括易武古茶园、鲁史古镇在内的 200 多个地方都整体纳入茶马古道保护计划，这将是中国西部最大的线性文化遗产，无疑为下一步茶马古道申请世界遗产打下了坚实的基础。

13

普洱茶一次又一次被媒体清洗、漂白、穿上华丽的外衣，也一次又一次被媒体还原、痛骂和诅咒，但从未被抛弃。还是在2007年初，CCTV以惯用的国家播音员口吻欢迎普洱茶进入这个国家的时代诉说，普洱茶与基金、房地产一起成为它的年度热门词汇。但是半年之后，CCTV再次说到普洱茶的时候，已经有了便秘般的不爽，这次，它追着这些热门词汇穷追猛打。

很显然，普洱茶要比基金和房地产脆弱得多，无论是资本的原始积累还是受众的心理素质，都相差太远。更重要的是，他们束手无策。

6月18日，兰茶坊召集昆明传媒云集康乐，商量如何应对普洱茶目前面临的传媒危机。在《中国新闻周刊》和CCTV经济频道相继"打压"普洱茶之后，全国的普洱茶市场都不约而同地开始动荡。6月17

时间，普洱茶的精神内核

日，广州芳村茶叶市场许多商人惊呼普洱茶的首次"零销售"。有关人士说，这次，媒体开始质疑普洱茶的"根系"，媒体怀疑普洱茶的"越陈越香"，怀疑普洱茶的"降三高"功效。

天字号的媒体（CCTV），最旺的市场（广州），一线的品牌（大益、中茶、下关），一旦纠葛，令人战栗。

普洱茶总被人找到把柄，脏乱差一度成为他人诟病的对象，但随着 QS 认证的大规模展开，这一现象貌似得到缓解。随着时间的倒计时，2007 年 7 月 1 日，普洱茶新的标准即将强制执行。问题也从这里开始：2003 年的普洱茶标准中，普洱茶的定义还包括了要经过后发酵这一重要环节；按照新的标准，没经过后发酵的普洱生茶被纳入普洱茶的行业。邹家驹说，这正是目前普洱茶最脆弱的地方，宣传普洱茶功效有别于其他茶类，但是你到任何地方检测，刚生产出来的普洱茶都只能归类在绿茶，所谓"神奇"自然消失。但陈年的普洱茶却不是这样，它稀缺、充满着变化、有着浓烈的时代沧桑，除了具备熟茶的保健外，品陈年普洱茶更是一种融入历史的高级体验，一种精神的升华。

时间是普洱茶的精神内核。普洱茶活在自己的时间里，多年来一直如此。阿里巴巴的 CEO 马云说，他不看好普洱茶，因为他认为普洱茶是策划出来的。事实是，普洱茶是等待出来的，在漫长的历史河流中，它漠视着时局动荡、时过境迁，在最恰当的时候被发现，被吹捧。

在时间的长河里，普洱茶一直游走在边地与皇宫之间，形成了自己独特的两极文化——日常生活与奢侈享受，是历史赋予了其民生性与奢侈性。看不到这些，任何一种分析都会产生严重的价值分离。陈年普洱茶作为一种绝对的奢侈品在中高端的富人生活中被品饮分享的同时，也有价位相对低廉的边销在生活水平不是很高的地区产生。如果仅仅通过半年时间里的几次价格调整、几位普洱茶的短期"炒家"报料就彻底宣判一个产业衰亡，自身也会深陷在"短视"的逻辑里。

"爷爷做茶孙子卖"不应该成为一种笑话和怪论，而是要去追寻刻意中蕴藏着的那种时间的分量。历史感在任何一个时代都应该被尊重，而不是被嘲笑。当你在一个人迹罕至的地方发现历史遗留的文物时，你会怎么想？今天我们命名为"奇迹"的东西，皆因后辈深感先人造物的艰难，由衷感叹历史的不可揣测。是的，还原的许多历史初因都会引人发笑，但活在时间里的人们却要去总结这些原因的形成。

在媒体空前发达的今天，普洱茶也许只是媒体的选题会上回避不开的谈资，但它不应该成为编辑人员下手的对象。

绞尽脑汁策划出的不同的声音，与他们人为的"炒家"高调宣传在本质上没什么两样。可惜的是，他们都清一色地回避和忽视了，时间才是普洱茶的精神内核——普洱茶如同我们一样，活在时间里，我们不要如此焦急地揠苗助长，而是耐心地一起慢慢变老，然后在时间的韵律中，打量着生命的奇迹。

14

与阮殿蓉喝茶的下午

时间打败了多少英雄美人，却为我们留下了一片普洱茶。

昆明回暖，外衣还需加身。

今日，阮殿蓉让我喝一款台湾周渝送她的茶。这茶我在 2006 年喝过，周渝说，茶乃 20 世纪六七十年代之物，是熟茶中少有的霸气之物（茶气强）。我想起在普洱街头看到周渝时，双肩包、白胡子、稀疏的头发，在冷风中瑟瑟微颤。在广州，他从包里拿出一片宋聘，供大家品鉴，直言茶来之不易。后来，又在《三联生活周刊》看到他，谈的尽是对茶局的失望。《六大茶山报》主编詹本林兄存有照片，空了讨来。

熟茶之后，是生茶。2002 年六大茶山出品的易武野生茶，十年后，这些浓烈味俨然的大叶种，终究还是被时间驯化得可以熨喉舒腭。那一年阮殿蓉组建了自己的公司，有一套成熟的普洱茶理论。

我请教阮殿蓉，这浓郁的杯底香要怎么来形容？

她说："嗅觉每一个人都不一样，为什么它不能就是茶本来的香气呢？"

是啊，茶香，来自茶自身的香气。我曾经与许多人讨论过普洱茶的香气问题，还委托李扬专门撰写了《普洱茶的香气类型分析》。我们用其他熟悉的香味来类比茶，有些时候往往适得其反。以前总会听到有人说兰花香，可是兰花香本身比茶香复杂得多。而樟香这些，就更会让人无从联想。如果说，茶营造的氛围，让我们想起许多，那么为何不能只言茶香，一种很正的茶香？在我们的日常里，茶香更是一种经常可以遇到并熟悉的东西。

她笑笑说："观其形，嗅其香，体其味。像我们今天这样，喝喝茶，聊聊往事与近事，不是很好吗？"

1999 年，阮殿蓉在勐海茶厂任上，收到一批布朗山不错的原料，她决定不用传统等级来拼配，把这批茶直接做成茶饼。按照今天的说法，这些就是山头茶了。但她说，今天所言的山头纯料茶，也许是一个误会。同一个茶区，比如易武，茶在细微处有差别，但从大茶区来说，易武与贺开又有共性。"有人问我，你做的易武茶，怎么与别人的不一样？"阮殿蓉回答说，我理解的与你理解的普洱茶也不一样。"我做的是商品，而你做的是玩品。"现在玩品玩到什么地步了呢？"讲究单株，讲究同一海拔。"

阮殿蓉也许没有想到，她无意之中的行为，成为普洱茶拼配与纯料之间做法上的分水岭。说到今天热门的茶区，她想起更多。

1999年，她带云南电视台《今日话题》栏目组去班章采访，当时没有修好路，要走六个小时。也不是全为了茶，更多是民族风情。班章当时的古树茶，能卖到几十元一斤就不错了。今天，这些茶每斤都卖到接近万元。

1999年，阮殿蓉把勐海茶厂的普洱茶档案归类，建了陈列室。1998年，阮殿蓉被任命为勐海茶厂厂长，是年才30岁，茶厂里比她小的只有十多个。当时勐海茶厂严重亏损，账面上只有8000元，而欠茶农的茶款却高达1590多万元，收购单是白条……

勐海茶厂时年并不主产普洱茶，年产4000多吨的茶厂，主要是绿茶和红茶，一年普洱茶400来吨，只占总量的十分之一。两台饼茶机，一台沱茶机，一台砖茶机，一天最多能产一吨，还要天天开工。但是当时红茶、绿茶效应不好。"我主张关闭CTC红茶、绿茶车间，当时这些产品销量很一般，甚至要贴钱，但有人不同意，理由是亏本也要保住市场。"阮殿蓉不解这点，卖一公斤红绿茶就要亏五毛钱，国家已经不贴补这些国有企业，是用工人自己的工资

闻名江湖的"阮藏"古树普洱茶。解方／供图

来补贴市场。而普洱茶的市场已经起来，之后她顶住压力，果断关闭了红茶、绿茶生产车间。这些都为勐海茶厂今天的发力奠定了莫大的基础。

1999年，勐海茶厂做了一批"92高山"普洱茶。这个故事很有意思，茶卖到陕西渭南、甘肃天水、海南等地，但货款迟迟收不到。人家没有钱，但原料还在，阮殿蓉便把货收回来，重新做了这批茶，后来这批茶成为许多人追捧的对象。

茶之因缘，又有多少人能解？时间打败了多少英雄美人，却为我们留下了一片普洱茶。

15

与木霁弘书

木老不是老人，正值壮年。

在木姓后面加个老，一则因他是老师，省去一字，多了尊敬；二则表明资历，在许多领域都是老资格。

木老现在很抢手，热呗！他参与的《德拉姆》正受到知识分子的吹捧，忘了说重点，他是"茶马古道"的命名者之一。

电话更是热线，要找木老很难。一个流传广泛的逸闻是，有人到昆明拜访他，话还没转入正题，木老便开始接电话，一个又一个。来人等得有些着急，没办法，只好也拨木老的电话，两人面对面打电话，把事情说完了。

一次，我有一篇关于茶马古道的稿子想请教他，跑数次中文系无果。后来好不容易联系上了，也答应在一起吃饭，可到饭局上一看，等他的人显然不只我一个。结果自然还是木老的一句话：给我电话吧。

这人……

他家小孩正上着小学。受木老的熏陶，疑难杂字认识不少。那孩子的聪慧没得说，难得的好学、勤问，一遇到忘记的字就现场提问。可怜了他那老师，古文功底并不扎实，每问必不知。所以木老师的孩子每天都满怀信心、趾高气扬，背着大书包兴高采烈地去上学。

最近木老师又出了本新书，讲普洱茶的。走的还是茶马古道的路数，有考据、辩难、记录，读来长了不少学问。

他有一首诗这样写普洱茶：

皮黑经霜崔巍干，孤高凛冽自神明。

云水萦绕新芽长，陈叶悍香惊世鸣。

据说像这样的东东，他有许多，都是有灵感时在手机里记录存档的。只是这样的诗歌，他会在短信里发给谁呢？

用着先进时髦的方式，讲着古老的故事与情怀，是木老特色吧。

16

与贝一书

贝一见我把女儿取名"一一"后，连夜开了"贝老爷的茶"与"贝老爷的锅"，他很担心变成小我一辈的人。

他的担心还不止于此，茶界四帅他执掌着"帅印"——"大隐堂"，乃是茶馆联盟成立之地，鲜妍明媚，文质有序，目遇成色。

但他还不甘心，又起了"小隐居"。他嫌"大隐堂"太过热闹，太过混杂，终日买卖不止，杀价声霍霍，惊扰鱼儿悠闲，茶人清梦，未免流俗。

"小隐居"没有买卖，有茶，有书，有可邀请的朋友，还有一些醒来就忘记的梦境。还没有开业，我就在"小隐居"呼吸甲烷，宅子是老的，床垫是新的，对这份恩情，想必是要牢记的。

年末在"小隐居"饮茶，贝一播放视频，分享今日点滴，高峰白雪皑皑，一车独驰而至，乃是甘南朔漠之境。稻田一望无际，农夫勤作，山奔海立，那是在大理。不能画，有手机。不能文，有航拍器。

贝一喜欢科技产品，小米盒子才上市，他便购入，只为躺着可以看大屏幕。苹果出了款手表，他也是第一批用户。航拍器一出，他便带着游山玩水。为此，他还装了仅供自己使用的宽带，不与任何人分享。

想到上年，与贝一外出厦门，租一豪华游艇出海。那日惊涛骇浪，狂风大作，终未见金门翘楚，只得绕回鼓浪屿。掷千金，难买一爽。

人有所好，必有所成。

贝一好台球，丽江城小，数年下来再无对手，不免英雄寂寞。某次他看到我与马克·赛尔比游山玩水，难免技痒，扬言要与之一较高下。

贝一好车，车迹遍布大江南北，一日千里，不觉疲倦。这源于他有上佳体力。每周都要参加一场足球赛，上球场，是好运动员，回到家，是好茶师。

对一茶一汤、一草一木、一瓦一砾，莫不精挑细选，他笃心打磨的
"大品牌"，和他的人一样，精致、内敛。

但这些能力，是逐一被发现的。贝一最早到丽江，摆地摊卖衣服，本来一天能卖一两件，够甩碗米线，但滇西风大，一天也能吹走一两件。他满大街追着衣服跑，身体越跑越壮，胡子越跑越长，有点像阿甘的中国版。

生意太轻。有人建议他来点重的，他就去开挖掘机。师傅毕业于清华大学，而不是蓝翔技校，所以，他施工时还是把丽江一户人家弄毁了。人家逼着他赔钱，他当了所有家当还不够一根梁子。于是他在屋子里哭得天昏地暗，竟晕厥过去。起来后发现月朗星稀，有那么一束，照在倒塌的墙角处，隐约有反光。他凑过去一看，哎哟，一提普洱茶。

这提茶到底卖给谁，卖了多少钱，他从不说。他后来包下这家院子，有了"大隐堂"。贝一善营造，一草一木，一鸟一狗，莫不精挑细选。我一朋友与我言道：到了那里，坐着坐着就听到钱包里的钱要跑出来的呐喊声。

这样的声音，我也听到过。那是在麻将桌上，我和了他。

17

与李宝儿书

有一段时间，我微信微博上有很多位茶仙子，她们不仅名字一样，连穿衣风格、说话语气、喝茶道具都让人无从分辨，害得我半夜发信息的时候，经常搞错对象。

她们发起火，就完全不一样了，有人像周一一那样躺着打滚，又哭又闹，有的像小猫咪一样，又抓又挠，只有李宝儿是个例外。她站在易武大街上，声嘶力竭地叫着要削我，别人找我约茶，她找我约架。

嗓门大唯一的好处是，整个易武老街都知道这里住了一个叫周重林的人。坏处显而易见，去参加易武斗茶会的人都以为我骗了她的茶。

我们就这样见了面，她带着我去拜访易武著名的茶人高发倡，推门进去的时候，就像回自己的家一样。在易武，她有许多七大姑八大姨，哪一家都可以自由出入。她的师傅却只有一个，不在这里。我从未见过她师傅，很懂茶这条我是记不住的，我记得住的是很有钱。每每听到师傅给她送了种种好茶，我就想，我这辈子怕是不能当师傅了，我一贯只接受被人送茶。

前几天，我在微信上搜茶仙子的时候，没有找到李宝儿，还有一阵失落，这么快就被人家删除了！后来才发现，她已经改名了！她又去了趟云南茶山，正式改名叫倚邦公主，头像也换成了一张孔雀照片。

据说这张孔雀自画像是她另一个师傅画的，她还把孔雀自画像印在了茶饼上，这激怒了很多老客户。他们说，我们是来买茶的，又不是买人，喝茶还得天天看你照片！

在云南话里，孔雀就是"臭美"的意思。公主嘛，上趟茶山你敢开开地理位置试试？会有几十个公主来加你。这与在都市一样，不同的是，茶山公主只爱茶，都市公主只好酒。

李宝儿来上海，一开始不是做茶馆，是准备开一个舞蹈室。这点我很难相信，尽管她会跳傣族舞，会唱云南山歌，但我一直担心她跳舞的时候会把自己甩出去。

李宝儿18岁那年，找人算了一卦。卦象说她春心大动，南下可找到幸福。她到了上海后，才发现，不过从一片海边来到另一片海边。而且，这里海风并不怡人，直接把她双眼皮吹成单眼皮；到后来，甚至连眼睛都不见了，只剩下眼线。这导致每次发照片，都有人追着问，眼睛呢？

眼睛细，也有好处，至少看问题会很精准。

李宝儿在上海有一家茶馆，有院子，种着奇花异卉，养着金鱼。小小空间，琴棋书画茶器样样齐全。麻雀虽小，却五脏俱全。周边的街坊邻居，经常在回家的路上，走着走着就到了茗邦堂。小小屋子，常常坐满了人。

一个社区茶馆，往往是充满人情味的地方。比如云南烟筒，我就只在两个地方见过，一个是《茶业复兴》办公室，一个是上海茗邦堂。仅凭这点，李宝儿就对得起"倚邦公主"这个称号了。

18

纸上的知识，花很少的代价就可以获得。比如少量的金钱和时间，践行却是一生的事情。

在网店，许多与茶文化有关的书，你可以结合自己的饮茶习惯入手。如果你在普洱茶氛围比较浓厚的地方，就可以从普洱茶文化入手；如果你在岩茶消费区，就把岩茶文化当作切入点。虽说这两种茶在当下都比较热门，但绿茶更具有广泛性，在中国茶产区，都会找得到绿茶的爱好者。

对许多学生来说，学校的图书馆以及城市的图书馆、档案馆会是最佳选择，在那里可以免费获得大量知识信息，你只要愿意付出时间。

一开始，我并不建议阅读像《茶叶全书》和《茶经》这样的大部头，即便是专业茶文化研究者，也很少有人读完。像《茶之书》这样的书得以流行，抛开书的思想价值不说外，写得短也是诱因——即便是普通的阅读者，也可以在两三个小时内读完，并快速被里面的格言式的心灵鸡汤所打动。

每个人的茶区都会有人写类似《普洱茶》《西湖龙井》《武夷茶》以及《福鼎白茶》《安化黑茶》这样的书，这些书一般由当地茶文化研究者所写，可以快速了解这些茶的发展历程，体例一般在地理、环境、种植、工艺、民俗都有涉及，历史掌故、名人名言也不会少。

有了这样的基础认知，你可以同主题阅读其他人写的同类书，比较、思考，选取自己感兴趣的部分。

知网的数据库有大量与茶有关的论文，配合着阅读，可以穷尽相关领域的文献。另外，网盘、"国学数典"和《茶业复兴》这样的知识型平台，也有大量的文章可以参考。这是很重要的一步，如何找到相关知识信息是从事研究的重要技能。

杭州有《茶博览》杂志，福州有《茶道》杂志，昆明有《普洱》杂志。每一个茶叶大区都有一本对应的刊物，这些刊物一般都有官方背景，创刊时间也早，比较持续与稳定，也是茶文化重要的载体。

有疑惑处，找相关领域的老师讨论，能见面就当面请教，不能见面就写信求教，一般来说，很少有人会拒绝请教的要求。在北京，去社科院找沈冬梅教授；在长沙，可以去湖南农大请教刘仲华这样的教授；在杭州，可以去浙江大学找王岳飞教授；在安徽，去找安徽农大的丁以寿教授；在昆明，可以去云南农大找周红杰教授……几乎所有的茶区，都会有一个与之对应的茶学科以及明星教授。

明星教授专业水平高，最大的特点还是，善于沟通与表达，也乐意与大众分享自己的知识。我相信任何一个教授都不会阻挡普洱人的求知欲。

茶不只是停留在书面上，有了这些知识，就要来到从业者身边，听听他们的看法，在现实中辩驳。

茶叶进入消费领域后，书写也波澜壮阔地展开。有谈品饮感受的美文，有谈茶文化与地理关系的考据。在知识界，比如茶马互市以及茶马古道的研究一直是显学，因为涉及茶与边疆、中央政权与少数民族的关系，研究者甚众，阅读也比较费脑。

我以入行十二年的经历来谈谈，一个菜鸟是如何走上专业研究道路的。

2003 年，我在一家图书公司上班，负责一个茶马古道相关的课题，如果仅仅是从旅游角度去介绍景点景区已经满足不了委托人的要求。

于是我先在网络上查阅这一领域所有能找到的论文，购买了相关书籍，系统阅读一周后，开始找相关领域的专家比如木霁弘教授当面请教。两周后，大概了解茶马古道到底是怎么回事，接着去丽江实地考察，知识在现实中迅速复活，大约两个月后，我撰写了约五万字的文章。

后来编撰《天下普洱》，前期接触的人、事、历史有了再次叙事的可能，书的体材也分为生活、人、历史、茶馆这样的章节。多少年后，那些鲜活的当下，变成了小历史。

后来参与创办《普洱》杂志，再去云南大学茶马古道文化研究所，都是由这小小的改变引起的。

我写《茶叶战争》，一开始只是读书时被几句话吸引。周宁在《鸦片帝国》里，引用了艾略特·宾汉在《远征中国纪实》提到的两位晚清重臣琦善与曾望颜的两句话，他们都主张清政府可以通过茶叶与大黄来控制像英国、俄国这样的国家。

他们为什么要这样说？外国人为什么要记录下这样的话？还有没有其他人这样说过？于是我找到了《鸦片战争档案史料》，在5000多页中寻找相关话语，一找就花掉了一个月时间，所幸找到了。

事务都不，都得从一点一滴的阅读处开始生长。我写《茶叶战争》，
一开始没有想到要让孩话成书。因为2012年《茶叶战争》10刚问
世。写的时候我从未想到销山，这本书会有这个一部分如此。人的
思维一般总是跟着。

林则徐、百龄、包世臣、魏源等晚清大臣都认为茶叶是有效的制夷武器。更为关键的是，还发现了林则徐南下禁烟，用茶叶换鸦片的重要历史细节，这有别于传统史家所言的靠威胁恐吓，而是更怀柔的手段。

有了"以茶制夷"的共识还不够，还需要寻找其更久远的动因。尽管这些动因在治茶马互市的学者那里已经有大量研究成果，但聚焦在晚清的这段历史还没有被挖掘出来，于是继续找推动书写的材料。

写英国入侵西藏部分，我集中解读《中国海关与藏缅问题》和《清季外交史料》，也收获满意的成果。

茶文化研究，要创新，要么有新材料，要么有新观念。历史部分可以顺藤摸瓜，现实部分却发生在眼下。

一两句话可以引发一本书的撰写，其实在生活里，大部分人能比我做得更好。

像我这样愚钝的人，专注十多年，也可以取得小小进步，相信你更行。

如是我闻。

第五章 与茶艳遇

2016年，我开始了"茶叶世界观"的思考，总结的就是我过去三年的行走以及所得。所到之处，都有当地人分享与交流，这是有声和互动的部分，是我与团队一起在努力创建、描摹的世界。行程25万公里，走遍大江南北。我看到茶人的努力，看到了希望，自己也变得温良恭顺。是的，茶改变了我！

普洱：为中国茶业写一份悼词，还是复兴计划书

我要为中国茶业写一份悼词，还是写一份新的复兴计划书？这取决于在座诸位茶人的态度、努力与决心。

距离上一次吴觉农呼吁茶业复兴计划，已经过去整整七十年。这七十年间，华茶的境况改变了吗？

没有。

华茶产销经营的不良情况依旧存在，在国际贸易的竞争中依旧毫无优势。

比起七十年前，我们了解到的情况更加严重，茶成为品饮消费的配角，在你周边朋友圈里，还有几个人经常会以茶会友？

昔日四处可见的茶馆当然还星罗棋布，人满为患，但他们是去消费茶吗？显然不是，今天的茶馆已经沦为麻将馆的代名词。

那些打着茶餐厅的餐馆，为你端上来的可能是柠檬水，是可乐，那些被称呼为"菊

花茶"的饮品里，你连茶叶都见不到。我们要面对这个严峻的现实，茶连佐料都不是。

七十年后的这个春天，茶业传达出的乱象令人百感交集。

网络上，到处充斥着不到十元一片的普洱茶，不足二十元一斤的铁观音，三十元左右的大红袍……尽管我们可以指正其作假成分，但仅仅这样就够了吗？叫嚣几十万一斤的"熊猫茶"你可以说是一场拙劣的表演，但你却不能否认其在商业上的成功策划，至少我们都看到了。

我曾经与一个动辄标价上百万的茶商交流，他反问我："难道我错了吗？我没有几千万去电视台打广告，只有在产品价格上动脑筋，不一样博得眼球？"

你们都是茶界的精英，卖东西你们比我更懂，但茶界每每博取眼球，都聚焦在价格上，难道不荒谬吗？昔日十几万一斤的龙井，因为遭遇取消"特供"而价格全线下滑，成了新闻；云南连续四年干旱，茶叶价格也成了新闻；江西茶叶无人问津，无人采茶，同样成了新闻……

比这更荒谬的是，在这个国家，超过8000万的人依靠茶吃饭，超过七万家的茶企直接参与销售，但你们与他们一年的全部努力所创造的产值，甚至都赶不上一家英国公司。我们应该为此感到羞愧吗？

我们一直号称自己是茶叶大国，是世界茶的原产地，是茶文化的发源地……只要你愿意，你可以找到许多方面的第一，现在我们的产茶面积还是世界第一呢，但这又能说明什么问题？我们的人均茶消费量根本赶不上那些不产茶的国家，遥遥领先是土耳其、英国、埃及、摩洛哥等欧洲与非洲国家，我们排在日本、印度与伊朗等亚洲国家之后。

十年前，我刚刚进入茶界，抱着学习的态度，半年里走访了许多人。得出两个完全相仿的观点：一种人认为茶就是农产品、土特产，"柴米油盐酱醋茶"嘛；一种人却大谈茶道，满口"禅茶一味"，也有词语来形容，就是"琴棋书画诗酒茶"。你看，一种人把茶当作生活组件，而另一种则把茶当作雅文化的代表。

我看到有人点头，因为今天这种两极化的观点还是大流，因为这种大流，中国被分化成两个区域：消费区与品鉴区。

从中国地图上看，消费茶最多的地方都是非产茶区。有些统计数据说，中国人均消费茶最多的地方是广东（广东是两斤，广州是四斤），我看未必，整个西北到西南（也就是大藏区）都是茶叶消费很多的区域，整个数值远远大于广东，人均起码在六七斤左右。这就领先于世界水平了。但你们会问，这些数据怎么没有人告诉我们？是因为你们没有深入这些区域去了解，你们去西藏、青海，都忙着看风景去了。

国家层面上的统计数据没有，但有一点可以肯定，就是我们常见的那些协会数据，往往会忽略了许多区域，因为这些区域，茶叶还没有完全市场化。不要以为我说的又是西北、西南，就是在江南，茶又何尝市场化？今年龙井跳水，背后的原因不就是它是"高端礼品茶"吗？

茶叶市场化是我一直关注的主题。

在我们国家，茶叶是开放得最晚的产品之一，甚至到目前都还没有完全开放，考虑其历史原因，边茶目前还是国家的战略物资，并没有市场化。其他非边茶，在近四百年的海外贸易里，也没有完全市场化过，这与中国外贸管制有关系。改革开放前二十年也与茶关系不大，当时茶不过是创外汇的一个特色产品。

1991年，中国外贸体质深化改革，取消计划经济，而到2006年才取消茶叶配额制，到这一年就恰好赶上了日本颁布的《食品中残留农业化学品肯定列表制度》，许多茶企铩羽而归。

英国在本土和国外早有了成熟的茶叶市场，中国茶要想分一杯羹，难度很大，中国还没有可以杀出国门的企业。立顿那么强大的公司，进入中国的时间却很晚，到1992年才涉足中国市场。我多次听闻，他们在中国市场并不赚钱，只是一直在研究中国市场，这才给我们一个喘息的机会。人家有耐心，我们更要有耐心。

四五年前，我参与过一家云南普洱茶企业的上市计划，但种种原因，后来失败了。2012年，我又听闻有几家福建铁观音企业要上市，现在也失败了。但这并不是说，我们的茶业不适合资本市场，我们要看到好的一面，越早市场化，越受益。普洱茶和铁观音就是例子，国内的大企业都出现在这两个茶类，绝不是偶然。普洱茶发展四五年，就可以孵化出可以上市的公司，这本身就是一个奇迹。

"有耐心，不要着急"，这是我一直对请我做顾问的那些茶企讲的话。我是研究历史的，我告诉你们，中国历史上，最牛的企业都是做茶叶生意的，清代的大盛魁真是可以买下一个国家，中蒙边境上的一个小小的恰克图茶叶市场，创造的财富超过俄罗斯四五个省。贺龙北上的时候，中甸松赞林寺的茶钱可以养活一支军队。

茶叶能够决定国家的兴衰，你们有些人如果认真读过我与太俊林写的《茶叶战争》，就会明白，茶叶对我们国家是何等重要的物资。

但是很遗憾，从晚清开始，中国茶业就全线衰落了。1900 年，中国茶成为稽古之词。我们要跑到印度学习怎么种茶，学回来什么呢？用化肥、用密集茶园生产茶，而今天，这些成为食品安全的头号公敌。

诸位，立顿一百多年前的口号是"直接来自茶园"。我们还停留在那个农业时代，今天人家早把自己的公司定位在高科技上，每年用收入的 10% 来研发——你们摸摸自己口袋里的钱，有多少投入到科研经费上？

从英国人偷走我们的茶树、茶种开始，我们就丧失了资源优势。

从英国人把第一批印度茶运往英国销售开始，我们就丧失了市场优势。

从英国人宣布印度是世界茶原产地开始，茶与中国的关联就从根源上被掐断，我们为之骄傲的饮品居然是化外之物！

甚至，从英国人第一个陶罐厂落地，从一把带把的银质茶壶诞生，从他们第一次往茶杯加糖开始，中国茶叶和它相伴的器皿都成为往事。

我真的不希望再过七十年，还有人重复我们今天的工作，继续谈论"中国茶叶复兴计划"。

知耻而后勇，就像咀嚼茶叶，我们不希望它一直是苦涩的，我们还要回味其甘甜。

东莞：土司与土豪握手

一首原生态歌曲《寻找》，一泡祥源易武"正山贡源"，从产区到销区，从茶园到茶杯，土司与土豪握手，帅哥与美女并肩。

这里是东莞，这里是藏茶之都。天气热，瓷杯烫，宜补水，宜会友。当然，李都断句后，祥源的易武斗茶会，变成了易"武斗"茶会，凛冽的杀气扑面而来，吹走咸湿微风。

易武，贡茶之乡。东莞，藏茶之都。一地出顶级普洱茶，一地出优质藏品。

有人期望凭一己之见，改变一座城市的品质。很多年前，我与东莞茶唯一的对应关系，就是那个叫高飞的人。

有人以一家之功，带动一个区域的茶业大发展。如果你也去过天得茶业博物馆，那么你再次遇到那个叫蔡金华的人，你也会点头称赞。

现在，有一群人期望以一会之力，再现

并再造一个以斗茶为乐的茶叶中国，让青山绿水、舌灿如莲长活在我们口腔和话语中，如果亲临现场，你也会如我们般感慨。

2014年5月27日，祥源茶业主导的"易武斗茶会"，从海拔1900米处直线降落到东莞。空降的不止有茶，还有人，他们说云南话，不加修饰，也不会修饰，"我家呢茶好呢。"六个人说六句话，句句带好，如同他们的歌喉，如同酒令，嘹亮且迷幻，带着浓烈的自信。

才坐下来，就有人来套近乎，问他们各自茶叶的年产量。东莞有像高飞这样一个月跑几次云南茶山的明星，也有从未去过云南，但几十年如一日喝云南茶的普通市民。我被数次告诫，东莞喝茶高手如云，你可别随便放黄腔哦。于是，我开始了一贯的谦虚低调，遇到谁都叫老师。

两年前在长安的那场品鉴会，与我们同桌的东莞粤雪飞仅仅通过闻茶样就识别出"92小方砖"特有的味道。就在昨天，我身边的另一位茶友，精确地指出一款茶的地理范围，同样令人惊叹不已。

让茶说话，而不是我们。我们甚至疑惑，在云南喝"正山贡源"与在东莞的不同之处，是水，是海拔，还是泡茶的人？或者都有。也许只是气场感染，让我们很容易走进茶之境。

东莞茶友批评我说，你评选中国最好的茶业城市，前五名居然没有东莞？我抱歉地说，只因来得太少。同往东莞的江用文教授跑遍了大江南北，居然也是第一次来到东莞，看了天得茶业6000多吨藏茶，惊呼超过自己的想象。江教授是中国茶叶学会理事长，是已知抵达东莞最高级别的茶界"官员"，他说自己也许要重新思考茶业的格局。

第一次到来的还有湖南农大的刘仲华教授，一走进斗茶大厅就被粉丝包围，签名签得汗水满面。刘教授是易武斗茶会评审组组长，5月8日易武那场斗茶会他去了易武，今天又转至东莞，感慨无论是采茶还是斗茶，都是高水平角逐。无论是人，还是茶，都有许多可圈可点之处。

声势浩大的东莞扫黄运动，某种程度上遏制了酒精的扩张速度，茶作为不二的替代物再次释放出价值。东莞以不可思议的速度在茶界崛起，天得茶业老板蔡金华是最耀眼的藏茶明星，他用了十多年时间来收黑茶为主的茶类，完成从茶客向藏家的惊人转型。这一次，他用49000元拍下了易武全明星茶。

蔡金华说，在房地产、股票，乃至黄金市场都不景气的情况下，收藏茶是一种保值行为。东莞有庞大的喝茶人口，也有大量闲置的厂房，加上有大量的闲散资金，可以长期存放的茶简直就是天赐之物。

邓增永博士感慨于东莞喝茶氛围如此之好，"一个个都喝到半夜乃至凌晨，早上都找不到人。"我们打车遇到的一位司机，得知我们来自云南后，蹦出的第一句话就是："云南有好茶。我都藏十来吨。"我们唯有面面相觑。

昆明：茶香、琴音与一座城市的品质

　　茨威格所怀念的奥地利，是一个连厨娘都听得出小提琴走调的梦幻之城。在这里，德鲁克从奶奶那里获得所有管理学的灵感。我们不在维也纳，我们也不是旁观者，我们在昆明，只是想努力再现一个昨天的世界。

　　它与雅生活有关，与我们的呼吸有关，与我们的记忆有关。

　　所以，当李乐骏告知我，大益和弘益将在一周时间里连续举办巫娜古琴会和《茶》纪录片点映会的时候，我感觉得到大益人对重塑城市品质的炽热之心。

　　我只是略有担心，无论是古琴，还是纪录片，在这座边陲之城——终日被灰尘笼罩，空压机不绝于耳的"上进城"，是否会有那么多人愿意在茶香中观摩、倾听些略显高雅的艺术。

　　用茶水来消尘，用琴音来去躁，因为人，因为上千人的参与，这座城市获得再生，并被人铭记。

那些人群，从江西而来，从深圳而来，从重庆而来，从北京而来，从山东而来，从河南而来，从福建而来……我认识的一个女孩玫玫，请不到假，自己悄悄从南昌潜入，只为了能在巫娜的琴音中相遇几分钟。

隐居在大理多年不见的好友蒲燕，在海埂会堂给我发微信说："我看到你了！"她惊讶于我在现场，惊讶我对古琴的理解。

深圳来的朋友小莲，只是途经昆明，但为了古琴会，她多留了一夜。重庆的魏自建，因为琴会，把云南之行提前了三天。

前同事李文莹委托朋友，一定要为她预留一张票，为此，我另一个同事放弃本属于他的票。当她与我的同事杨静茜联袂出现在海埂会堂时，我看得出她的欢喜与感激。而这些，是我多年不曾留意到的。

一场琴会让我们发现彼此，这座城市太久没有人为我们制造相聚的机会。我们在不同的场地流离，然后消失不见，过着下落不明的生活。但总有人想着要相聚，我对乐骏说，你们正在做一件了不起的事业。

一年以来，我在弘益茶文化中心接待了上百名来自世界

年参被戏称为昆明四热之首，魅力四射的弘益茶文化中心，从培训、新媒体传播、手造等诸多方面发力，在当下中国茶文化及生活美学传播领域，已经有了举足轻重的地位。

各地的朋友，说着茶，说着对这个奇怪世界的看法。

从河南到昆明出差的微友"在路上"，得知琴会只是开始后，对我说："我以为昆明给我的印象只是堵，只是鲜花，没有想到，还有那么多雅致。"

一张票，一个座位，为我们营造了一个空间。多了一张票，多一个座位，为这个城市赢得了尊重。事后得知，原本只准备300席的琴会，结果人数暴增，又多加了200个席座位。

事实上，在弘益茶文化中心的《茶》点映会专场，徐方从长沙专门飞过来。他来不及换下厚厚的棉袄，来不及去酒店住下，就直奔会场。而台湾人老林从勐海飞上来，只是为与我们相见……

作为茶叶书写者，我更关注影视作品里茶的呈现形式。大益出品的《都市茶恋》系列，在网络上一度引起观摩狂潮。如今，大益独家赞助的《茶》即将登录CCTV1，这次在昆明的点映会，来自云南茶界、学术界的朋友欢聚一堂。在盛世兴茶的背景下，央视的《茶颂》同样获得了许多溢美之词。十年前，一部《茶马古道——德拉姆》在影院的公映，一度让许多人看到影视的价值，这部历时三年的精美之作，会带来同样的答案，这也是王冲霄导演期待的答案。

其实我见到了更多人，以茶和琴的名义，坐下来，打开嘴巴，打开耳朵，允许自己忘记此外的事情，允许自己的灵魂出窍那么一会儿。

一首琴的时间，一盏茶的空间，我们百感交集的或许是知音与知味。其实并不遥远，在这个精心布局的时空里，我们因此更加认识自己与他人。

庐山：中华茶人论坛庐山倡议书

今天，我们以茶的名义来到庐山，与云雾、雨水为伴，通过一片绿叶来聆听大地、心灵之声，分享我们对茶的感悟，传达茶所缔造的理念与生活方式。

作为茶生活的主要载体，茶馆营造的空间一直在影响着中国人的生活。它是茶产业的消费终端，是都市环境的净化器，是传统文化元素的展示台，也是中国传统生活与现代生活的衔接地，茶人在都市创造一个可以安抚我们内心和灵魂的地方。

在茶馆里，我们放下自己，用一种缓慢的节奏，引入明亮的泉水，打开精美的陶瓷，陶醉于茶叶释放的芬芳。茶有清和而深远的力量，改变和重塑着世界的面貌。在此，我们倡导这样的一种慢生活方式——以茶为载体，传承中国传统清茶主义，倡导简约、雅正、和顺、美乐和清静。

在庐山，我们发起成立了中华茶馆联盟

（筹备），传达茶叶主张，实践清茶生活，并对社会做出承诺，我们将面向中国青年推出"三个一"（一杯爱心茶，一堂公益课，一张通惠卡）公益项目，在更大范围内宣传和拉动清茶主义，同时呼吁旅游管理部门把茶作为重要的产品推荐，在全国三星级以上酒店评级中作为必备条件，建议相关部门对茶馆出台优惠和扶持政策。

珠海：我们有故事

2003年，因为一本茶书《天下普洱》，我开始了云南茶山的大考察。接着又是因为《云南茶典》和云南首届普洱茶博览会，我开始了茶资源整理。2006年，又参与了《普洱》杂志创刊，更大程度上介入茶界。

之后更是常年行走在茶山上。其余的时间，也都大把地耗散在全国各地举办的茶会与茶杯中，成为"飞泡"一族（所谓飞泡，是我在做杂志时候取的称谓，特指那些带着茶叶到处去喝去斗的人）。

得益于普洱茶的大热，昔日的酒友几乎在一夜之间变成了茶友。当时杂志编辑部就设在昆明翠湖边，这里茶馆与酒吧云集，从一个地方到另一个地方，近在咫尺。许多时候也没有那么麻烦，茶馆有酒，酒馆备茶，已是惯例。

历史总是提醒着世人，早在20世纪30年代，翠湖边的茶馆泡出了许多艺术家、文化家以及大学者，看他们的回忆录，每每有恍若隔世之感。普洱茶的复兴、文人墨客的雅兴再次聚焦在杯子上时，多了茶，多了与茶相关的诸多情思。当时的昆明，各大媒体都开设了茶版，专门的茶杂志就有四家，茶记者、茶主编、茶文化研究者凑在一起，有些时候会高达四五十人，这是从来没有过的盛大场面。

今天回顾，这五年前的场景又仿佛另一个世界，茶依旧在消耗，杯子从不曾空，但热闹情景大不如前。七八年间，几乎喝了这世间所有能喝到的各种茶，也写了许多令人厌倦的文字，但无论如何，都逼着我去探讨茶背后的文字。几年光景下来才发现，答案其实就在生活里。就像家里空置杯子那样，你可以用它来盛水，可以用它来灌满酒，也可以泡杯茶。

人就像那个杯子，装什么都取决于你的喜好。装的东西不同，滋味情趣自然迥异。认识张兵兄，是在2006年的首届百年普洱品鉴会上，他穿着极为醒目的大红色衣服，在一边义务主持场外次序，有太多人想冲到线内喝一喝"红标宋聘"。

杂志初创，亟须各地合作伙伴，收到张兵的邀请。后来我们多次去珠海，去看数千平方米的茶储藏仓库，去看小而美的茶会，为我们的读者俱乐部授牌。

　　这些年，我们不论茶热与不热，天气好与不好，都不断沟通。张兄于我，是知识上的老师，也是生活上的导师。眼看着我一步步深入茶界。2013 年 8 月，再度来访他的"红印佲头佬"，他真的是早生华发，我也结婚成家。往日的故事，毕竟有记录。

　　录一篇我 2007 年在珠海参与的品茶文字：

　　易武茶专场品鉴会

　　地点：珠海孖香洲 102 号 3 号楼珠海普洱茶交易中心

　　茶品共七款易武产的普洱茶：A.易武正山（落水洞）；B.易武早春饼；C.2007 年斗记易武；D.2006 年易武红印复制版（平板模）；E.2006 年敬昌号号易武古树春尖；F.2007 年易武正山（王宫弹）；G.易武顺时兴（春尖）。

　　品饮顺序：抽签

　　泡打：好茶 7 克。

游戏规则：最后三名需把所带茶样作为奖品送给前三名。

评审：从外观、汤色、滋味、香型、叶底等方面打分，依次呈良好、较好、一般、较差。

最高分为 20 分，最低为 5 分。

人员分为两组，一组约有 10 人。

参与茶友有：张兵、朱少海、周重林、燕子、刘扬波、刘培凯、潘东子、张宇伟、林役、张桂明、陈永翔、任为华等 20 多位茶友。

道具：生铁壶、盖碗。

用水：自然水过滤，矿泉水漱口。

冲泡方式：焖泡 30 秒高冲。

我的品饮感官笔记：F.2007 年易武正山（丁家寨），回甘在喉部，古面微酸，两液生津明显，涩味少，香气微；E.2006 年级昌号易武老树春尖，香气浓烈，舌底生津，微酸，滋味回甘好；A.易武正山（落水洞）有绿茶的清香，香气很强烈，涩味不明显，回甘也不明显，茶底很香；B.易武早春饼，低冲、甜、香气不如 A，回甘不错，滋味深；

C.2007 年斗记易武，涩味明显，香气中；D.2006 年易武红印复制版（平板模），汤色泛红，之前茶汤色均为琥珀色；G.易武顺时兴（春尖），涩味明显，回甘不错。

最后，A、G、B 三款茶总分分别获得一、二、三名。

个人感觉：最先品饮的茶某种程度上会成为以后评审的标准，一次品饮的茶不宜过多，易武茶在普洱茶中有王者之称，传统的易武茶都是做好后进行"晒饼"，不知道有多少人喝出易武的阳光味来。

这在 2006 年到 2007 年间是最常见的品茶场景，许多场合不是比茶本身，而是猜测茶的产地、年份等，当时媒体惊呼，这种宋代消失的斗茶习惯，居然重见天日了。

2013 年，我们喝着"红印倌头佬"，昔日的饮茶场景，再度归来。

有茶，有情，有我们。你们的故事呢？

06

厦门：一个过分讲究的茶馆

许多人来到大掌柜，说不出进来的缘由。

"反正走着走着，就被吸引进来。"正在想一个合适的词汇，抬头看见已经被主人总结，"一间很讲究的茶铺"。

头撞玻璃时，倒有些醍醐灌顶的瞬间，心里还不服气，又搜罗了许多词汇，什么精致，什么品位，但都没有"讲究"来得自在，来得舒心，只能作罢。

两年前，我第一次来的时候，与老板林小娟严重撞衫，我一身蓝色深不见底，她一身蓝得笑靥如花。我为区别不出浓香与清香铁观音而输掉第一局。第二天便开足马力，向她的家乡安溪奔去。

那里有我不曾到过的山川、河流。因为她沏了一壶茶，诉说了十年以来的故事。山里有一些绿色叶子，一个女孩带着它走遍可以抵达的山水。有些时候故事会在我故乡闪现，那些翡翠，宛如眼前的女子，泛着珠光。

总想着用一天看尽山头，来赶追人家十多年山间地头奔跑的身影。

事实证明，追着知识、口感以及品位跑，总比追姑娘棋差一着，无趣且无聊。倒不如老老实实坐在店里，与姑娘们博博饼，读读书，谈谈人生。哪怕是睡一觉，黄粱美梦也好，高唐神女梦也罢，反正二楼备好了"观音梦"供诸君选择。

那张价值两万元的椅子，我到底还是没有睡上去。古人说，这叫悬念。

小娟说：观，是阅世，自观，洞悉内外。

音，就是万籁之始，凡音所致，人心由此而生。

梦，蕴含着追求与理想。

很多人，一生都在寻找一个梦，最后终老在梦里。很多人，一生都在梦里，渴望着醒来。我们并不是追求梦想本身，而是追寻时间留存的蛛丝马迹。

在人群中，小娟经常走丢，为一面白色的墙，一朵被遗忘的鸡蛋花，一盏灯，一道莫名其妙的小路。那一天，我们漏夜穿越鼓浪屿，避开人头，绕开喧闹，我们丢弃了人群，她丢弃了我们。

其实，每一天都有人丢失自己，也会找到属于自己的珍

林小娟花了四年的时间，来寻找和拾掇大掌柜的一砖一瓦，一草
一木，一间茶馆，就是一个梦想。

爱。被遗弃的篮子，挂在枝头的枯枝，被更新的破碗……

上年，昆明一场大雪，我们被困在同一个空间，我出不了门，小娟出不了机场，相约总无见。半个月前，在上海，临行前才知道我们又错过了一次相见。厦门再见，时过境迁，大掌柜已经焕然一新，太多旧，太多情感填满了这个空间。

林小娟花了四年的时间，来寻找和拾掇大掌柜的一砖一瓦，一草一木。一间茶铺，就是一个梦想。泡茶台，是百余年前的石马槽，从广州买来的。在店口，上马石已经被脚底打磨得有镜面的光泽。

她说，已准备了四十年岁月，来守望、敲打、磨平这些凸凹，来注视与众不同的时光。

这条街，这周遭，茶店茶馆随处可见，大掌柜就那样俏生生地玉立在繁华街头，讲述一个过去和现在的故事。

旧物心声，你可曾倾听？

也许就是那些破旧的土墙，燕飞的屋檐，被雨水洗刷的灰瓦……

也许就是一颗不妥协的内心，

在炽热的白昼，在没有尽头的黑夜，

我们与茶，与人交谈的片刻。

07

上海：茶里有一个过去与现在的中国

在浦东九六广场车库，出门时，门卫问身着汉服的英子："你穿的是和服？"闻言英子勃然大怒，一个晚上没有忘记这个事情。

于坚讲过，他写繁体字时，有人居然问他：是不是日本字？他也念念不忘。

赵思明写乾坤，落款甲午时，一样遭到人不识。

愤怒，并非因为误会，而是国人逐渐丢掉自己的民族符号，"甚至连最引以为豪的部分都丢失了"。

英子说，她为孩子准备了琴棋书画，不想就那么丢了中国传统。

在茗约，一位前来找鲍丽丽学茶的学员告诉我，她学茶，是因为经常出国，"需要有一种中国式生活，才能与别人交流啊！但我现在真的很喜欢茶！"

马上要出国的贾国英，不忘带着六岁孩子到"六大茶山"与我们聊茶。先生痴迷茶，无时间寻茶，她担负起这个重任。再后来，我们在"臻太极"遇到与她相识的另一个爱茶的女子，聊起各自的相识。与其说是圈子太小，倒不如说，茶的魅力太大。

曾经一直有人问我，中国茶里有什么？现在我会说，有一个曾经的中国。

在茶博会的三天，我们与"六大茶山"的工作人员一起接待来自宁波、杭州、南通、舟山、苏州、南京乃至山东、河北等地上百名茶友。坐下来，饮茶才发现，他们并非只是来拿我们送的礼品——《我的人文普洱》与《贺开记》，也不是来蹭我们的"一饼江山"，他们更希望与我们谈谈茶叶，谈谈变化中的上海与中国。

"六大茶山"既是著名的普洱茶生产地，也是一家公司的名字和商标。河北的记者朋友告诉我们，正是《我的人文普洱》开启了他的普洱茶认知之路，一晃眼，十年过去了。

我们从一个区域，谈到一家企业。从一饼茶，一本书，一个人，说到偌大的中国。

茶中的人性，是我们着力最多的部分。有些人在茶界充当打手，有些人乘机抹油，我们看到了失望，也看到了希望。

是的，上海之行，探究茶叶与华东的变化与形态，是我们的首要任务。

这些年我多次到上海，但两年前，上海"茶群体"散乱、单一，只有走时尚路线的"茶香书香"一枝独秀。如今的景象却是，大规模、精致、有道。

茶眼下是一个很小很小的产业，但是否因为这样，我们就要放弃呢？

烟酒茶专家李克断言，五年内茶业会出百亿品牌。

我们走访、问询、接触，发现带来的不仅仅是基数变化。

因为茶，会带来很多。

罗军曾言，每年影响三位不喝茶之人喝茶，茶便有希望。当我确切感到基数增长之时，所遇的英子便说茶承载她的梦想，这个空间有着太多期待。

短短半年时间里，鲍丽丽富丽堂皇的"茗约"在浦东惊艳亮相，令人惊叹。宛如三个月前，我第一次迈入老罗"国茶实验室"，震惊于其精与专。

那时候，我们坐在老罗实验室，谈论中国茶业变局，叶扬生用他发明的"乐泡"让我们尝鲜。老树新芽，总有可期。我的几位朋友都动容于眼前的景象：卖酒的、玩琴的、弄葫芦丝的，我们可能因为一壶酒坐在一起高歌，也因为一杯茶而重塑对生命生活的信念。

再后来，我们来到浦东茗约新居，与老罗一干人坐在二楼茶阁。茶香肆意妄为，横行霸道，穿过我们统一的着装，敲打朋友圈每一位关注者的神经。

丽丽仙子依旧。

这位据我所知在朋友圈被盗版图片最多之人，总是用美和精致来影响周边之人。一年前《茶叶秘密》成稿，我向她邀约照片，从未谋面之人，居然给我寄来两张光碟。那些照片"美得不忍割舍"，其中几幅，伴随成品走向大江南北，活跃在茶水之间。

仙子从徽州空降上海，别人顶多携一茶一壶，然她居然带着三栋老宅落户海上。在小院中，便可闻茶香满枝头，进门满屋皆宝。闻香、品茗、插花、挂画，文士四雅，被纤纤之手悄然激活。

我们在寻找，而他们，"正在重塑茶的生活"。

刚到上海之夜，赶赴《生活》杂志主办的《茶之路》新书发布会，令狐磊有一段印在封底的话："我们相信已经找到沟通情感的媒介，那就是茶。"

演示PPT上总结了他们的寻茶历程，"八千里茶路探源，四十二茗山寻真"。金戈铁马，气吞万里如虎。在茶叶大家邹家驹那里，云南茶叶正是以硝烟战火征伐世界。在过去的大半年的时间里，《生活》杂志兵分数路，负笈远行，把一幅当下的"茶叶版图"呈现在世人面前。

"寻找茶的源头，也就是寻找中国人精神的源地。"

我们正在路上。

08

苏州：喝茶的样子

"一杯土，一只虫子，一片叶子，重塑了生活，并改变了世界的面貌。"在苏州平江路上的随园里，张林勇这样描述他对瓷、丝、茶独到而诗性的理解。

随园时刻在雅集，在熊亦仁的带领下，我们才与"苏州病人"阿林刚接上头，车前子、聂怀宇、孙璐一干人也在平江路偶遇结伴而来。或者说，我们因为茶而来。从昆明、从北京、从渭南，或者就从苏州别的地方。我们刚在别处别过，也刚刚在微博与微信交谈。但随园，却不是一个茶馆。

这里有瓷器，有茶，有画，有字，有酒，关键是有人。随园是一个空间，大家奔着阿林而来。我多次从聂怀宇口中听到"苏州病人"这个名字，有些时候，一个名字就够了，不用说他的长发、他的衣着，甚至他的喜好。

孙璐问起桌面上的黑扇子，看起来似乎

奇怪，少有人用黑扇子。阿林说，手执黑扇子入门，或在家，就是告诉别人，不用上色，不用字画。在苏州，扇子是一个特别的符号，我许多朋友到苏州都会寻觅扇子。熊老师特意为我画过扇面，这是天大的面子，他一年也不会多画一幅。

在刘慧的茶馆，她就说，她在茶台上摆了一副扇子，常来的画家忍不住还是为她画上了。苏州书画家有受求扇面之苦，也有忍不住要画的冲动。细微之处，尽显人性之幽光。

"包浆"是阿林口中的核心词汇，也是聂怀宇经常向我唠叨的话题。茶包浆、壶包浆、玉包浆……来到苏州几天，更是包浆天天闻，器物天天见。张林勇总结说，苏州是一座包浆的城市。桌面上有三块竹器，同时期作品，但两年、两周以及新的颜色看起来截然不同。我们不可能在任何一个时间漏洞的节点上找到其中的变化。

阿林说一度竹片刻不离手，竹与手交谈，与汗渍入眠，与尘土相吻。竹与人同呼吸，齐体验，一起陷入时间的漏洞之中，构成了一个不可言说的时空存在，这就是"包浆"。

你看到包浆之物之时，你可以观察到它曾经的一种存在，但你无法得知，那一瞬间的变化是如何发生的，时间停滞的法则，就是我们兴趣以及可期的因由。

苏州人过的是一种水里生活，喝奶，吃茶，饮酒。昨夜在刘忠华的酒窖留下的记忆，变得模糊。茶酒都是解人之物，有人在酒中得道，有人在茶中得道。多年前，那个叫王阳明的人，不也企图在竹林中格物致知吗？

那样的林子，苏州也有。刘忠华说，竹林里的挹翠轩，是苏州最有格调的地方。为了喝茶，我们特意选在旺山景区吃饭。巧的是，我们吃饭期间，挹翠轩美丽的掌门人刘捷小姐也与我联系，希望有空一聚。于是，两拨人马汇合于园缘，大家都言这饭馆名字取得好。吴中乃茶寮发源地，独立于家舍之外，隐于山林之间。但其作为附庸点缀之物久矣。今至吴中，因缘际会，漫步入挹翠轩，方知昔日茶寮悄然回归。无网络，无餐食，尽情享茶。谈茶性，话人生，珠联璧合。

翠竹林立，飒飒汤冷。红叶横躺，倏然身暖。

刘捷在竹林，茶社挹翠轩傲然，独立，自成一景，美人美景美茶，让人产生觊觎之心。

但苏州喝茶的形态，又不尽于此。

我们在观前街龙宝斋喝茶时，黄金白银玉器在左，书法字画紫砂壶在右，我们手执的却是性感的玻璃杯，喝的是蒙顿茶膏。聂怀宇、崔怀刚恨不得把古今中外的所有艺术品都盘点一遍。而我，则期待画中之丘壑与口中之草木同含英。

作为常态，聂怀宇一直在酒店公寓用茶招待不期而至的人，警察与流氓在这里秘密接头，十年冰岛与新上市的碧螺春互辉，《周易》的不同版本也经常交锋。因为聂怀宇要见我，我从北京搭着高铁而至，因为要见我，许多朋友从上海来苏州。朱颖带来她的创业计划，无墨带来她的电脑画。

这次，因为我们要会朱见山，他从杭州坐火车而来。一夜，几壶茶，三两人，醒来才发现，大家又各自回到自己的地方。一杯茶里，其实有着太多的情感。

赵静把邑庐茶馆开到写字楼，16楼入眼皆景，减得掉生活与身体累赘。她的身形以及谈吐，磨掉了北方的印记，就那么笑意盈盈地端坐在那里，告诉我们一杯茶的不易。这里安静、明亮，只有茶与人的对话。之后我读到她的文字，婉约而节制，情绪就在方块字之间。

刘艳在景区山塘街做天工坊，茶与琉璃为伴，与扇面相生，与评弹为邻，在闹市中为自己赢得一方宁静。

孙璐在万达商业广场，云南茶与美食联袂，饮食交织。她开茶艺班，开书法班，一条长长的木桌拉开，相识与不相识之人，办公的与闲聊的依次排开，顺着她水杯的指引，各自寻找自己坐下来的理由。有些人来醒酒，有些人来淘个杯子，而大部分人，只是觉得这里人多热闹，以为有什么好玩的，进来看看而已。

刘忠华在酒窖里布置了一个茶室，密中有疏，疏中带感，空间更是以壶茶花草穿引。我们也享受了一会儿岩茶、红酒交替齿间的快意，但这太奢侈。法国顶级的酩悦香槟，1945年的波尔多酒区王柏翠，一上微信引来不少围观和骚动。茶与酒，两生花，对许多人来说，是态度，也是生活。

跟随吴海军去西山，去太湖，在农家喝茶吃饭，这里，茶唯一对应之物只有碧螺春。而碧螺春，是我们去苏州最大的理由，也是喝茶味场里最大的想象。

09

昆明：美学以及如何把美学生活化

我今天讲的，实际上是我过去几年三本书里的三段话。

第一段话，是我在《茶马古道文化线路研究报告》（2009 年）序言里的开篇：茶、瓷、丝是中国对世界物质文明最卓越的三大贡献，它们在不同的历史时期分别影响了世界性的经济和文化格局，最终从根本上改变了全世界人民日常生活方式以及生活品质。

中国向世界输入三大物质时，形成了三大通道：北方丝绸之路、海上瓷器之路以及茶马古道。茶、瓷、丝是中国对世界的三大物质文明的贡献，由此带来的茶马古道、丝绸之路、瓷器之路至今还在影响世界。

现在国人对这些大通道熟悉，得益于国家层面主导"一带一路"战略，在我们看来，要输出的无非是一硬一软。硬的是高铁这些高科技产品，完全标准化，比较容易。软的就是茶这些，比较难，一是断代久了，二是自信心不足。像茶以及茶文化这样中国为数不多的正面符号，现在也面临信心危机。

这些现象背后，涉及的现实问题只有两个：茶是什么以及如何表达，或者说如何呈现。这就涉及我们今天最重要的主题：美学以及如何把美学生活化。

第二段话来自《茶叶江山》序言："这其实就是一抔土（陶瓷）、一只虫子（丝绸）以及一片叶子（茶）在世界旅行的故事，家国情怀就在其中。"

中国叙事铁三角，涵盖了土地、动物与植物，这简直就是地球叙事了。我们今天置身在云南最大的省博物馆，但发现这里展示最多的东西，都是一些瓶瓶罐罐，其实到很多博物馆都这样。拿掉这些陶瓷，我们博物馆开不下去，我们的艺术史也根本写不下去，我们的文明史也无从谈起。陶瓷不仅是泥土、矿石与水和火的艺术，还是一切艺术的根源。

一个杯子，用来喝酒，对应的是不同的身份与地位（爵位）。一个杯子，用来喝茶，对应的也是不同的身份与地位（品位）。一个穿丝绸的人与一个不穿丝绸的人，过着截然不同的生活（汉化与胡化）。

第三段话，出现在《茶叶战争》序言里："丝绸是茶柔软的外衣，茶被包裹、缠绕之后安详地躺在精致的茶盒里。当茶被取出来品饮的时候，便与甜蜜的瓷器发生了关系。柔软、坚硬、可饮制造出一个梦境，只要置身于茶空间，便可以触及中国三大物质文明带来的高级精神享受。"

你看，这就是美学生活的一个描述：有场景，有仪式感，每一个茶痴都相信，茶神与自己共在。

在这个茶空间里，我们从建筑以及家具去了解古代的建筑工艺，了解树木生长环境以及生态。你从木头的纹理中发现了庄子有用无用之论，这是初中语文课的经验复活。你在泉水的叮咚中洞察了生态的变迁，你在陶瓷上看到火与水的精神，看到色彩的斑斓，看到冶炼术与匠人的精进。你在挂画中了解山水画中的丘壑和尊卑秩序，在书法中历经汉字书写变迁，洞悉笔墨纸砚背后的秘密。在古琴声中你还可以捕捉到知音真正的含义，那些欲望与情谊是如何展开……

仅仅为了一杯茶，有了如此多的铺垫。茶是复杂的，我们需要调动太多认知信息和情感，而茶又如此简单，你只要喝下去！

我们属于幸运的群体，因为我们已经找到对接传统最佳的方式。就是重拾柴米油盐酱醋茶的生活，重拾琴棋书画诗酒茶的生活。仓廪实，知礼节，是酒的传统。长物满，懂优雅，是茶的传统。用乐骏的语言讲，就是重拾生活，重拾教养，重拾尊严与荣耀。

我们已经身处物质最丰裕的时代，怎么甘心精神就此贫瘠下去?

（此文是作者于 2016 年 1 月 16 日在首届"当代中国生活美学论坛"的演讲稿）

10

青岛、杭州、重庆、成都：茶是怎么变雅的

茶会越来越雅了，雅到不做准备都不好意思参加。桌上摆着的请帖，有些要小心应付。尤其是那些毛笔小楷竖写，名后是"道席"之类的问候，里面装满了各种与茶相关的雅事。宣纸上有古琴、尺八之类的曲目，要品的茶来自武夷山"三坑两涧"，或者二十年、三十年乃至更有年份的普洱、白茶，偶尔也会出现些老六堡茶做点缀。当然，在"老"的语境下，老铁（铁观音）、老红（红茶）也颇受青睐。

这些主体信息当然不够啦，还得打电话去。准不准抽烟啦？喝茶过程中允不允许说话啦？茶后要不要吃素菜啦？茶会前要不要讲话啦？茶会中要不要填品茶表格啦？对穿衣有没有要求啦？问问才好参加。我好几次在茶会，因为长时间不能抽烟，导致神经紧张，不得不来回深呼吸，结果额头大量出汗。为我泡茶的茶艺师得出的结论却是：

"周老师，你体感好强啊，才喝两口都能喝出那么多汗。"

能不能说话也很关键。茶界好多茶会，都是"止语"的，来的人不可以相互交流，只有在主人的声音中把茶杯端起，放下。主人会引导你怎么发现茶的滋味，从第一泡到第十泡茶发生了什么变化，汤色、口感、香气、滋味，到舌是什么感觉，到喉是什么感觉……主人也会引导你找到茶气，发现茶韵，必须相信茶神就在上空。

至于说那些把茶会搞成服装秀的，就更是，坐下来哪里是喝茶啊——左一个马可，右一个锦添，时不时插下丽萍，叫得那个甜，那个脆，就像说自家裁缝、邻家女孩一般。好处不是没有，正装终于不是特指西装之类（据说西方人说正装大约是燕尾服），我们很随意穿件茶人服就可算作中式正装。

我每每看到写着古典音乐字样的就胆怯，生怕在错误的时机鼓掌，也怕听睡着了。读《昨日的世界》很是羡慕，维也纳连一个厨娘都听得出谁的小提琴拉走了调。但偏偏现在的茶会，不是古琴，就是尺八。有一次我忍不住问身边听得津津有味的朋友，他回答说：我也不懂，在想其他事呢。那一天，古琴的演奏者是李祥霆，那把琴说是苏东坡留下的，喝的是价值百万的宋聘普洱。说到尺八嘛，在许多人眼里，与普通的箫好像也没有什么区别。

茶会上还会遇到一些大仙儿，喝得出海拔，品得出年份，连水的钠有多少、铁有多少都尝得出。也会被告知，喝茶的姿势不同，对身体有利的地方也不一样。遇到这些人，大约也只有倒背唐诗三百首的气场才能降服。

雅茶会留吃饭的，大部分会选择在素菜馆，而大部分素菜馆是接受教育的好地方。门口摆满可以免费领取的佛学书籍，桌子上、墙上都有饭菜来之不易的告诫，抽烟喝酒是严禁，大声说话也是不许可。服务员非常有礼貌，进门鞠躬，出门鞠躬，点菜鞠躬，上菜鞠躬，你每要求一样都会收获一个鞠躬……参加完一个茶会，吃完一顿素菜，都会觉得自己好没教养，在手背上就能看出一个"小"字。

我抽烟，嗓门大却不通音律，喝茶怕被追着问感受，茶人服永远皱巴巴的，时不时就把媳妇也连累。关键还是喝茶不讲究，用器不挑剔，喝水不打转，说话跑火车……唯一的优点只有，会写点茶文，所以余秋雨老师开始写普洱茶的时候，我好担心自己会下岗。那些年我不懂事，连写了《普洱茶装13指南》系列、《装土豪飞行喝茶记》系列，前者是真不装，后来变装了。后者却是真装，却被大量实践。

喝茶太有格调，会坏事，这是古龙在《剑神一笑》里的劝告。陆小凤千里追凶，来到鸟不拉屎的黄石镇，在线索中断穷途末路时，却意外从简陋的旅馆里发现了上好的茶具和茶叶，从而揪出化身于此的品茗高手——巴蜀剑派的掌门人秋鼎风。所谓造化弄人，莫过于此。

举例归举例，经历到底还是发生在眼皮底下，茶事变雅事倒不是当下特有的现象，历史上是怎么看待喝茶这件事？东晋名士王濛，因为爱好喝茶，想培养几个与自己爱好相同的人。但到他家喝过茶的却不买账，说喝茶是"水厄"，嘲笑声在一千多年后听到，依旧觉得刺耳。

唐之前的饮茶史，出生在寺院的陆羽耗费了很多时间去考证，但那些只言片语只能缝补出一个小章节。他只有腾出手脚，写了本充满汗水味的茶叶考察报告《茶经》。

不过，陆羽生在一个酒气冲天的唐代，很少有人成为他的同道。与他唱和最多的皎然，是个和尚。和尚爱茶，最根本的动因是寺院禁酒，茶这种比中药药饮更有瘾头及品饮价值的植物才被空前放大。

陆羽希望茶能够成为与酒并驾齐驱的一种饮品，寺院则进一步希望构建一套茶与释家的关系，就好像酒与儒家一样，密不可分。认识到这点非常重要，皎然曾大声宣称："俗人多泛酒，谁解助茶香。"可惜他们的影响力都有限，听者寥寥无几。

要想扩大茶的影响力，必须借助大名士。

有一位和尚借李白上位的茶故事，一直被模仿，从未被超越。李白唯一的一首茶诗《答族侄僧中孚赠玉泉仙人掌茶》，为我们指出了茶变雅的全部机密。

产茶的地方很奇妙，寺庙附近的乳窟，不仅有玉泉，还有饮玉泉为生的千年蝙蝠，因为水好，80多岁的老人居然颜色如桃李。这里生长出来的茶竟然"拳然重叠，其状如手"。李白了解到他是第一个为此茶作传的人，有着唯一命名权与解释权后，兴奋异常。

李白未必懂茶，懂茶的和尚没有李白之才，但在二者合谋下，不但使"仙人掌茶"名扬天下，还做到了百世流芳。时至今日，仙人掌茶依旧是湖北当阳一带的特产，活在许多人的口舌之间。

李白身后的文人茶传统，是一个雅得不能再雅的传统。

茶的产地一定就是好山好水（这些地方也绝大部分与寺庙相关），喝茶的地方自然也是名山大川（幽林小筑亦佳），即便这些都不具备，有茅屋一间也无妨，只要水灵、具精、茗上乘（水一定有灵性，茶具一定有来头，茶只作佳茗），佳人（只要是女性一定是佳人）侍坐，也会怡然自得。

就算多出一个南郭先生，只要他也爱茶，就是贤人，喝茶也变得热闹起来，才思涌现中多了显耀和哲思小语。今天，随便一个卖茶小妹，都对这套好词倒背如流，"禅茶一味""从来品茗似佳人"，张口就来。

唐代奠定的绝妙好词体系非常牢固，等到后世有人想说茶"坏话"的时候，便会发现，所有的"坏话词汇"都不支持这样的反驳。这与酒完全形成一个悖论，酒是坏话太多，要绞尽脑汁才能阐释出喝酒的必要性。"酒池肉林""酒肉朋友""酒囊饭袋"之类，想想就令人心碎不已。

宋人继承了唐代与茶相关的全部绝妙好词，苏东坡有诗说："禅窗丽午景，蜀井出冰雪。坐客皆可人，鼎器手自洁。"苏轼喝茶的地方是扬州西塔寺，善品茗的和尚选的地方都是好山好水；有好茶，又赶上风和日丽的艳阳天，刚好下过一场雪，茶具洁净，来的都是与自己趣味相投之人，诗文这才写得有感觉。要是对照他的"饮非其人茶有语，闭门独啜心有愧"，就更加会突出这样的心态。

与其说茶是被水激活的，倒不如说是被好词激活的。

宋代有位泡茶高手，叫南屏谦师，听说苏轼搞了一个茶会，不请自来。苏轼《送南屏谦师》里为我们回顾了这场茶会："道人晓出南屏山，来试点茶三昧手。忽惊午盏兔毫斑，打作春瓮鹅儿酒。天台乳花世不见，玉川风液今安有。先王有意续茶经，会使老谦名不朽。"

我们不难看出，这与李白写仙人掌茶一样，因为苏轼的记录，我们记住了一位点茶和尚，而和尚伴随着苏轼的记录，真获得了"不朽"的雅称。

"喝茶便雅"是宋人常见的观点，宋徽宗号召有钱人多喝点茶，脱脱俗气，"天下之士，励志清白，竞为闲暇修索之玩，莫不碎玉锵金，啜英咀华，较箧箧之精，争鉴裁之别。"为此，他专门写了一本喝茶指南《大观茶论》。

明皇子朱权，为了喝茶，专门发明了煮茶灶台。江南的士大夫，则在美轮美奂的私家园林里，专门修建了品茶之地。

张岱走出精舍，把茶与人的互动推向了另一个高峰。他之前的雅事，茶与人还有隔离，纵使妙语连珠、好词连绵，却总显得诚惶诚恐、捉襟见肘，没有放开来的自在肆意。在《闵老子茶》里，闵汶水是不出世高人，张岱慕名前往拜访，却被丢在一边晒太阳。

后来两人斗茶、斗水，张岱品得出茶与水的产地、茶采摘的春秋之别，得到了高人的褒奖。当下斗茶都是从张岱这里获得的启发，不过，张岱是品得出，大部分人是"猜得出"，这是很大区别处。更不同的是，张岱是通过表扬别人来获得自我表扬，而不是通过贬低别人获得晋级。

宋明之际对茶的精心营造，让人起了觊觎之心。

乾隆每每下一次江南，都要去画几个茶室，他在北京模仿修建了20多个供己使用的江南风格茶室。还发明了"三清茶"以表自己的志趣，但他在名画上的题词以及留存的300多首茶诗却毫无保留地暴露了他粗俗的本性。

这其实连累了许多人，曹雪芹不得不安排妙玉现身，教一教贾宝玉这样的世家公子，怎么喝才不糟蹋茶。但品位又怎么能短时间内培养得起来？

乾隆的族人后来把茶室发展成遛鸟看戏的游乐场。晚清时候，"打茶围"已经成为找妓女的代名词，民国年间胡适不得不在"打茶围"后，做出特别解释。去茶室喝茶不再是雅事，周作人只好把自己喝苦茶的家命名为"苦茶庵"。

到我成长的时代，茶室都变成了麻将馆的代名词。两年前，当父母听说我弄了茶室后，居然一夜都没有睡好，非得来昆明亲眼看到没有麻将桌才安心下来。

有些人不甘心茶就这样俗下去，茶室雅起来后，出现了一个专有名词叫"清茶馆"，经营者要在门口特别提醒，本店没有棋牌室，不提供餐饮，只可以闻香、品茗、挂画、插花，所谓四般闲事。

北京好像是一个能把啥事都变俗的地方，我听说喝普洱已经成了京城四大俗了。想想也是，好山好水都糟蹋光了，没有蓝天白云，没有小桥流水，任你尺八多动听，普洱多大清，也安顿不了浮躁的心灵吧？最关键的还是，哪有李白、苏轼、张岱这样的才子啊？哪有宋徽宗这样的鉴赏家啊？多的是乾隆这样的人吧？

茶本来在厨房待着挺好（柴米油盐酱醋茶），现在开足马力驶向书房（琴棋书画诗酒茶），大约后人忘记了张岱晚年的忠告，即便是潦倒老人，也能在破床、破桌、破鼎、破琴、破书之间，与山水、日月、茶壶相伴。

茶与繁华无关，伸手可摘。考究我们的不只是品位，还有认知。

11

昆明：喝了一辈子茶，没有读过一本书

到过《茶业复兴》办公室的人，会对这里的两样东西印象深刻。不是茶，不是茶器，而是书与噪音。

先说噪音，我测试过，噪音超过 60 分贝，接近 70 分贝。50 分贝是安静的办公环境，60 分贝就只能在三米内交谈了。于是，你会想，在这么吵的地方，还要看书写作，欢迎大家来感受下，就会发现这非常不容易。

让我们安静下来的，是茶与书。

茶会让人安静下来，忽略一些恶劣的环境。书也是这样，读进去，就会有忘我感。我们这里有许多合作伙伴的茶，也有好几册书（有一些是我们卖的）。看着这些茶与书，我们就会有一个想法，我们要对茶人的阅读负责，也会想，要对知识界的饮茶习惯养成负责。

茶香书香社会是我们努力为之的目标。

到过"茶业复兴"办公室的人，会对这里的两样东西印象深刻。

不是茶，不是茶器，而是书与噪音。

就在今天早上，我和静茜去参加了云南省图书馆的"普洱茶文化馆"开馆典礼，我们送了六本自己写的茶书。进去后我才意识到，这是图书馆的一大创举，全国而言，还没有哪个图书馆开辟出这样一个茶主题馆，里面有上千册茶书和期刊，还有上百种茶可供品饮。

我身后有一段话："读了一架子书，没有喝过一杯茶；喝了一屋子茶，没有读过一本书。"读书是一个时间问题，喝茶是空间问题。很少有人想着去解决。下午六大茶山的阮殿蓉董事长来这里，她说今天真是一趟茶香书香之旅，那么多年，茶与书终于可以在一个空间里完美演绎。

要让一个空间运行，需要像阮总这样在两个行业都有影响的人做出努力，她出资出茶出书协助图书馆来建一个茶香书香空间，还号召我们的机构、《普洱》杂志、《云南普洱茶》等期刊参与，也向许多茶书作者发起邀请，在很短的时间内，就让几百本书与期刊在图书馆上架。

在图书馆里，我也看到了自己的过去，我相信很多人都会看到自己的过去。但更多的人，看到的确实是一个自己不曾留意过的茶世界。我以为，这是一个茶人自觉的年代，茶业经过十多年的高度发展，已经有大批愿意为茶付出并负责的人。

在这里，这个充满噪音与书籍的空间，我们办出了全国茶行业的十佳微刊，举办了几十场具有革命意义的茶会（沙龙），写出了一本会带来深远影响的书——就是你们眼前的这本《云南茶生活百科全书》。这种久违的自觉或者说自信，是建立在我们创造了一点点奇迹、贡献了一点点独特的案例的基础之上的。

《茶叶战争》在过去的三年时间里，有三个版本在流通，上了两岸四地许多大城市的畅销书榜单，这是茶书第一次成为畅销书，首次引发知识界的广泛关注。我作为茶叶书写者身份重返知识界，许多知识人因为这本书而对茶刮目相看。

今天的主题是《云南茶生活百科全书》，今天大家来这里，是因为我们发出的一个活动邀请——通宵签名。我在朋友圈发出后，图书界、传媒界的一群大咖眼睛都直了，他们盛赞这个创新。可是在我看来，却是让一本书获得应有的尊重。

两年前，我组建《茶业复兴》团队的时候，我问过自己，到底能为这个茶界、知识界做什么？茶香书香以前都是一个想象，我要再次提及海报上这段文字："读了一架子书，没有喝过一杯茶；喝了一屋子茶，没有读过一本书。"说不喝茶，大约还有生理上的原因。但说不读书，或没有时间读书，在我看来，并不是一件让人说得出口的事情。

就在这里，几周前，我们与益木堂合办了一场沙龙，主题就是关于读书。我们办公室的几个小伙伴在"双十一"买了近万元的图书。我很严谨地注意到，我们卖书赚的钱，都用来买书了。"锥子周茶业复兴"每周五都有一个"一周书单"，编辑们谈自己的阅读感受，我们坚持下来，真的很骄傲。

今天这书，是我组建团队以来，第一次集体作业。而这份成绩单，因为斗记标哥以及他的团队认可得以快速实现。这就像《茶叶江山》出版一样，没有那32位联合出版人的支持，我们也会面临信心不足的问题。《茶叶战争》的流行可能是偶然，但走到《茶叶江山》这一步，还会是一个偶然吗？

今天到这里的，既有《云南茶生活百科全书》的鼎力支持者，也有《茶叶江山》的联合出版人，还有我们中国茶业新复兴计划的联合发起人，我们这份事业能够走到现在，靠的就是联合的力量。

一群各有长处的人，发挥各自的优势，开创一个全新的格局。

基于信任，蒙顿茶膏的崔怀刚总经理以及现在回乡的江南收藏创办人聂怀宇先生，在我辞职后承担了我和家庭的日常开支。他们鼓励我走出书斋，开创一份全新的事业，尽

好友社休刚，多年来一直给予我默默的信任和支持。他生产的
茶种至今早成旅途必备，每次进入他的茶叶博物馆，我都能感受
到一股安静沉稳的力量。

管我现在都不知道我们会走多远，但这足够。

基于信任，六大茶山阮殿蓉董事长拿出场地供我们使用。我们来这里办公的第一天，到晚上 11 点多才下班，我发了一个朋友圈，阮总留言大意是说，茶城因为你们的到来而变得精彩。杨泽军、李乐骏、吕建锋和袁毅送来办公桌、泡茶台……还有很多很多人，把一个空空如也的空间，用爱与友情装满。我们来这里之前，是陈临军与曾汉先生贡献了他们的办公室为我们使用，这份情，永远铭记于心。

在茶博会上，有人问我与标哥（陈海标），你们怎么会走在一起？我同样说信任。一年半前，我与标哥第一次正式会面，我就拿着一张 A4 纸，达成了共同出版一本书的合作。标哥是在第一线的制作者与研究者，他的茶，一直都是靠口碑在推动。他还是一个生活家。他做了茶，还做了器，做了衣服，对书写有着浓厚的兴趣。在广州一个记者问标哥："你还有啥不能的？"

现实中的标哥是羞涩的，他这个年纪还那么羞涩，非赤子之心不能。斗记有一款好茶叫"颠斗"，是标哥用来纪念一位早逝的朋友，这是袍泽情义啊。而"斗记"，是他的小名。我喜欢与这样的人做朋友，他就是那种我倒贴钱要去追随书写的人。

我讲另一个相信的故事。我第一次尝试发预售信息的时候，心里很纠结。书的定价没有出来，当时怕高价书会遭遇滑铁卢。我不是输不起的人，但现在情况不同，我带着一大帮兄弟。他们相信我，我有了空前的压力。

第一个下单的人，我从未谋面，甚至微信上很少交流。我问她为什么，她说，我会一直支持你。之前，我建了一个收费群，她也来了。我去她微信看了看。她讲了一件事：在从杭州到北京的高铁口，她退了一个一等座，为了帮一位陌生人买车票。那一刻，我击穿了。

支持我的人，是这样一位剔透如水晶般的人。

我都 36 岁了，不会轻易被人感动。

《茶叶战争》出版的时候，我媳妇问我，你啥时候写的啊？我回答她，在每一个你睡熟的深夜。那个时候，有欧洲杯，我熬夜看球。睡不着就看看书，写写文章，后来变成了书。2014 年我们写《茶叶江山》的时候，是世界杯正激烈的时候，我与乐骏在西藏甚至发现了一个看球的好地方。这次到广州签售，哎呀，又是恒大夺冠之夜。我不由得出一个结论：男人，不是在球场上跑，就是在电脑前码字。

有大事的时候需要酒，我们一楼也有酒，上海的一位大姐大寄来一饼 1996 年的贵腐，下午的时候，老挝红茶的丁总还带来一瓶虎骨酒，灰灰还带来了一瓶十多年的威士忌。"茶与酒，两生花"，是我们的另一大主题。

然而，今天的主角是书，我汇报下《云南茶生活百科全书》的业绩。截止到目前，我们收到款项的书超过3000本，还有几百本预订。11月25号那天下午，1000册书送到，小伙伴们忙翻天，一楼完全变成一个物流公司的场景。我也是第一次发现了团队打包的才能，猫猫挺着大肚子，帮我们发了一天的货，回到家，都晚上11点多。本来打算走路回家的，实在走不动，于是蹭乐骏的车回家。

昨天是西方的感恩节，中国人也讲这点，受人滴水之恩，当以涌泉相报。在这里，我谢谢你，谢谢你们，感恩！

（作者于2015年11月27日在《云南茶生活百科全书》昆明首发式上的演讲稿）

12

临安：茶马古道是怎么变成遗产的

茶马古道缘起一场田野考察。最初的六位命名者的初衷只是做方言调查，但当他们将这条当初还没有名字的古道与汉藏贸易、西南各族人民饮茶习惯加以详查后，得出一个重大发现：在茶里，蕴含着一部活的民族史。

早在20世纪80年代末，云南大学中文系教师木霁弘和他的大学同学徐涌涛等人在中甸地区做方言调查时，采访过一位马锅头，他在抗日战争期间，曾带领马帮到过西藏。这条通道在史书上没有任何记载，民间所知信息也极为有限，这条石路上残留着十多个寸许的马蹄印，引发了调查者浓烈的兴趣。要在石板上踏出印记，这得需要许多年？

为了弄清这条古道更多信息，1990年7月至9月，木霁弘倡导对滇川藏大三角做一次文化田野考察，来自云南大学中文系的教师陈保亚和其他科研机构的李旭、徐涌涛、王晓松、李林等六位青年学者（即后来所谓"茶马古道六君子"）随后加入。他们在中甸县志办、迪庆州民委藏学研究室、中甸区划办、云南大学西南边疆民族文化中心以及云南大学中文系的支持下，徒步从金沙江虎跳峡开始北上，途径中甸、德钦、碧土、左贡至西藏昌都，返程又从左贡东行，经芒康、巴塘、理塘、新都桥至康都，接着又从理塘南下乡城返回中甸，在云南、西藏、四川交界处这一个多民族、多文化交汇的"大三角"处，步行一百多天，进行了一次当时"史无前例"的田野考察。

考察的学术成果获得云南大学中文系系主任张文勋的首肯，六人联名的文章《"茶马古道"文化论》被收录在张文勋主编的《文化·历史·民俗——中国西南边疆民族文化论集》，这是"茶马古道"首次公开出现；其后，云南大学中文系教师陈保亚的《茶马古道的历史地位》发表在1992年第1期《思想战线》；同时，几经波折，忠实记录此次考察经历和研究成果的《滇藏川"大三角"文化探秘》一书由云南大学出版社出版。

在这本书中，"六君子"以他们的所见所闻，将沿途2000多公里的种种"神奇与独特文化"以生动翔实的笔墨描述出来。最主要的是，"六君子"紧紧抓住滇、藏、川这个多民族、多文化交汇之地的历史和文化特征，尤其是根据曾经活跃在这一带的"马帮"，重申了"茶马古道"这一概念。当时无论在史学界、民族学界，抑或是考古学、民俗学、藏学学界，"茶马古道"这一概念都是第一次出现并得到系统的论述。

尤为值得一提的是，作者在对中国对外交流的五条线路做了明确划分的基础上，将他们亲自考察的滇、藏、川"茶马古道"与大众之前熟知的"南方丝绸之路"做了明确的区分。自此，"茶马古道"成为研究中国西部重要的研究课题，为滇川藏后续的研究者提供了新的思路和视觉。四川学者刘弘发现，也是从这个时候起，在中国西南区域，以"茶马古道"为主体的研究，全面超过了以"丝绸之路"为主体的研究。

概念的升温

但受前期"南方丝绸之路热"的影响，"茶马古道"概念产生后的前十年影响并不大，只是在小范围的学者间作为学术概念流传，并没有引起大众的关注。2000年后，随着影视、互联网等大众媒介的介入，加上茶马古道上的重要物资——普洱茶的热销，尤其是旅游业以"茶马古道"为主题的旅游的推出，它才逐渐深入千家万户，并最终成为云南乃至中国西南地区的一个符号资源。

"茶马古道"这一逐步升温的过程，从某种程度上看，也是"茶马古道"逐步由抽象的概念具体化为覆盖西南地区的交通网络并最终变为一个"文化符号"的过程。在此过程中，主要有以下学者及其著作做出了不可磨灭的贡献。

几乎与"六君子"的著作同时，王明达、张锡禄合著的《马帮文化》，以云南马帮为切入点，深入讨论了马帮这一特有的贸易形式，以及马帮在商贸往来之中逐步积累而成的文化特征。然而此时"茶马古道"概念并未被大多数学者接受，或仅仅被部分学者视为"南方丝绸之路"的一条支线，也就是从云南西北通往西藏地区的通道。

或许正是鉴于此前在《滇藏川"大三角"文化探秘》一书中引起的人们的误解，2001年，木霁弘出版了《茶马古道考察纪事》一书，将茶马古道定位为文明文化传播古道、中外交流通道、民族迁徙走廊、宗教传播大道、民族和平之路，并明确指出"南方丝绸之路"不适合于作为研究滇川藏区域的视觉，第一次为"茶马古道"正名。

次年，木霁弘、陈保亚、王士元、丁辉等人开始考察茶马古道上的语言与文化，倡导并出版了系统研究茶马古道的丛书——茶马古道文化丛书。而今这套丛书的《茶马古道上的民族文化》《茶马古道上的西藏故事》等书已顺利出版。而从 2004 年到 2008 年四年时间里，出版的与普洱茶和茶马古道相关书刊，多达上百种。这几年是普洱茶高速发展期，茶马古道顺势水涨船高。从 2008 年到 2015 年，茶马古道相关书籍更是达到上千种。

目前出版的茶马古道的专著或相关的著作已有《茶马古道考察纪事》《茶马古道上的民族文化》《九行茶马古道》《茶马古道》《藏客》《又见茶马古道》《丽江茶马古道》《茶马古道亲历记》《古道苍茫：亲历茶马古道》《川藏茶马古道》《行走在茶马古道》《茶马古道上的传奇家族》《茶马古道上远逝的铃声：云南马帮马锅头口述史》《马帮文化》《茶马古道上的西藏故事》《茶马古道茶意浓》《苍茫古道：挥不去的历史背影》等，加上其他专论茶马古道上不同地区的著作，涉及茶马古道的普洱茶专著，涉及茶马古道的历史文化著作和各种涉及茶马古道的旅行交通指导手册，共计有 300 余部。除此以外，还有系列集中反映了茶马古道沿线的风情或者茶马古道故事的影视和音乐作品，也相继在最近十年内面世。

论文方面，截至 2015 年 10 月 20 日，在中国知网刊登的论文中，题名包含"茶马古道"的文章共计 3133 篇，相关研究的学术期刊有 3016 篇，博士论文 9 篇，硕士论文 65 篇，会议论文 43 篇，百度"茶马古道"关键词更是高达千万级页面……其实，早在 2001 年，茶马古道便显示出其在旅游方面的独特魅力。如西藏昌都当年开始以"茶马古道上的重镇"作为城市名片，主打茶马古道旅游。世界纪念性建筑基金会（WMF）当年 10 月将云南剑川沙溪寺登街列入 2002 年世界濒危建筑保护名录，而其列入的理由正是"茶马古道上唯一幸存的古集市"。2002 年 6 月，西藏昌都、四川甘孜、云南香格里拉联合主办"茶马古道学术考察研讨会"，与会专家会后联名发表了《昌都宣言》，力图"开拓茶马古道研究领域、促进茶马古道旅游开发"。

从 2002 年开始，中国图书出版业进入"读图时代"，这在旅游图书类体现尤为明显。在经历了"非典"压抑后的 2004 年，以"茶马古道"为主题的旅游书便出版了 50 多种。《藏地牛皮书》《丽江的柔软时光》《茶马古道》《图说晚清民国茶马古道》《九行茶马古道》等可谓其中的经典之作，这些书的特点就是融合了云南的少数民族风情、茶马古道、中国西南的神秘文化与独特的风景，也在一定程度上反映了旅游者的偏好和精神诉求。

2007 年，云南大学茶马古道文化研究所成立，这是中国第一个专门研究茶马古道文化的学术机构，所长便是茶马古道的命名人木霁弘。

2009 年，普洱市旅游局采纳云南大学茶马古道文化研

2010 年在雅安参加会议时，与国家文物局局长单霁翔合影，当时我还在木霁弘创办的云南大学茶马古道文化研究所担任研究员。

究所的旅游规划，确定普洱市旅游主打"道可道，大茶马古道"。

影视方面，早在 1997 年，郝跃骏深入独龙江，拍摄了《最后的马帮》，该片 2001 年放映后引起了民众对西南山区马帮的极大关注，并因此荣获多项大奖。1999 年至 2003 年，导演田壮壮、作家阿城、木霁弘、丁辉等人历时四年合作拍摄的纪录片《德拉姆》，上映后也引起了巨大轰动，并将全世界的目光吸引到云南怒江到西藏沿线的茶马古道，此片后获得"华表奖"，而木霁弘也获得了《春城晚报》评选的"年度十大新闻人物"。

然而，这两部影视作品还是茶马古道上的初期作品，影响范围还不算很广。2004 年，王红波、何真编剧的电视剧《大马帮》开播，滇西马帮的往事再次通过大众媒介引发关注。2005 年 7 月至 8 月，中央电视台在黄金时间播放了电视连续剧《茶马古道》。虽然这只是一部由白族作家景宜的小说改编而成的虚构作品，却借助中央一套的收视率而深入了千家万户，同时使"茶马古道"成为妇孺皆知的名词。四年后，日本 NHK 电视台和韩国 KBS 联合摄制的纪录片《茶马古道》也分别上映，从而使"茶马古道"成为中国西南地区一条"享誉世界"的线路。

其实，2004 年后的"茶马古道热"还与云南普洱茶的热销有很大关系。普洱茶的兴起，既是茶马古道产业化效应的体现，也进一步让茶马古道成为关注的焦点。因为传统上普洱茶的运销均是由马帮进行，而古道正是马帮曾经的艰辛和普洱茶文化悠长的见证。而今马帮行将消失，古道行将衰落，唯有普洱茶依旧在焕发着活力。

"茶马古道"此时已成为普洱茶商家促销宣传的有效手段，从而使茶马古道相关的元素彻底商业化。如2005年由30多个赶马人、120匹马组成的云南马帮，驮着约四吨茶，直奔北京城而去，"马帮进京"吸引了全国媒体记者和观众、读者的眼球。

学术社会团体方面，除原有的云南省茶叶协会外，云南省茶叶商会（2005年3月成立）、茶马古道研究会（2005年8月成立）、云南民族茶文化研究会（2005年9月成立）、云南普洱茶协会（2006年4月成立）相继成立，茶商有了自己的会所，学者有了属于自己的研究场所，开始在政府的支持下举办各种茶叶交易会、博览会。

政府方面，在普洱茶热带来的经济效益促动下，也纷纷支持普洱茶和茶马古道的研究与宣传。2006年，茶马古道临界碑在宁洱树立，专门介绍普洱茶和茶马古道的《普洱》杂志创刊；2007年"百年贡茶回归故里"，思茅市改名为普洱市。

政府与商业合力，让茶马古道这条千年古道受到了前所未有的关注，以至于2007年，普洱茶与房奴、基金一道成为CCTV年度经济的三个关键词。

2008年，普洱茶进入中国国家非物质文化遗产保护的名单。

概念成为遗产

在不到20年的时间里，"茶马古道"已经从一个纯粹的学术概念，发展为一股大众流行文化符号，再变成一个庞大的文化产业品牌以及国家遗产，拉动了区域经济的产业化，这大约就是福柯所说的"话语的力量"。其实，早在1997年，极为敏锐的文化商人聂荣庆便以"茶马古道"为名注册了近20个商标和商号，早早将茶马古道的"话语权"攥在了手中。

虽然"茶马古道"当初只是"六君子"根据云南和西藏交界地带马帮驮运茶叶的路线总结出来的一个概念，但随着旅游业对新兴事物的不断追索和普洱茶的热销，它又在概念的基础上具有了浓厚的中国西南地区和云南的资源符号的色彩。

然而，"茶马古道"还远不止于此。2008年，全国政协十一届一次会议上，由单霁翔、刘庆柱等十余位全国政协委员提出的第 3040 号提案，即"关于重视茶马古道文化遗产保护工作"（以下简称《提案》）认为："茶马古道是中华民族勤劳智慧的结晶，是世界文化史上的不朽丰碑。她千载不息，孕育了多姿的地域文化，丰富了不朽的中华文明。茶马古道能够表现我国西南地区一段时期内社会商品的互惠交换，以及思想的相互交流。随着茶马古道上所发生的宗教、知识和价值观念的传播，在时间和空间上出现了文化的繁荣，意义十分重大。"

2009 年，澳门特区政府邀请云南大学茶马古道文化研究所和云南省文物局到澳门举办"茶马古道文物风情展"，展览的半年时间里，造访人数超过 60 万。

鉴于此，2009 年底，中国国家文物局委托云南省文物局和云南大学茶马古道文化研究所对茶马古道的线路进行整体研究，同时对茶马古道整体申报世界文化遗产的可行性进行分析。云南大学茶马古道文化研究所在自身多年的研究基础上，实地考察了中国西北、西南等茶马古道现状，撰写了《茶马古道文化研究报告》。在此背景下，云南、四川、西藏、甘肃等省区的相关政府部门对茶马古道的保护和研究也充分重视了起来，茶马古道沿线文物的普查、研究和保护工作也得到了各级政府的重视。

2010年6月2日至4日，由国家文物局和云南省文化厅（文物局）、普洱市政府联合主办的中国文化遗产保护普洱论坛以"茶马古道遗产保护"为主题，在普洱茶的集散地普洱市召开，期间发表《普洱共识》以及研究论文集，这也是茶马古道保护国家级行动的开始。同期，在国家文物局的主导下，"茶马古道申报为中国第七批国家文物保护单位"的工作也在云、贵、川三省展开。

2010年7月6日至8日，"2010年丽江茶马古道文化研讨会"在丽江大研古城召开。与会的三百多名国内外的专家学者就茶马古道文化及其研究发表了自己的观点和研究进展，会后专家学者们还在会务组的安排下实地探访了丽江茶马古道。

2011年3月，在国家文物局主持下，云、贵、川三省茶马古道成为国保单位的评审工作在北京展开，与会专家对茶马古道的重要性给予高度重视，许多区域茶马古道从零保护状态一举升格为国家保护。这是中国西南地区第一条受国家保护的大型文化线路，为茶马古道申请世界文化遗产迈出了重要一步。

2013年3月，中华人民共和国国务院公布第七批全国重点文物保护单位，云南、贵州、四川多处茶马古道文化遗产在列。2014年，茶马古道上的古茶园景迈山开启申请世界文化遗产之路，这是中国首次以古茶园的名义单独申请世界文化遗产。

经历近 20 年的发展和演变之后，今天的"茶马古道"已经由原来一个单纯的概念，变成了西南地区乃至全国妇孺皆知的符号资源和文化遗产，恐怕这也是当初归纳出这一概念的"六君子"所始料不及的。

（作者在浙江农林大学所做的演讲稿）

13

武夷山：不爱喝茶的中国人还是中国人吗

1895 年 6 月，云南著名的知识分子、京官编修陈荣昌（1860—1935）上书光绪帝，问询大清与法国换约事宜，是否包括割让普洱、蒙自等地，又是否允许法国人开办锡矿厂。他示警朝廷，法国人"必图利于茶山"。

清廷回复说，没有这回事，割让之地，并非普洱、蒙自等边地，而是勐乌、乌得两土司之地。

勐乌、乌得两地，就在今天丰沙省境内。至少在当时的清廷看来，这些地方是可以承受的损失。但陈荣昌所警告的也许是，这样一来，中国中央政府所严禁的茶种外流将会带来巨大灾难。近代以来，云南茶山内忧外患。

1856 年，杜文秀和李文学的起义控制了大理和哀牢山，这些起义造成的混乱长达 21 年，曾四年直接占据了宁洱城，控制了普洱茶通向西藏和东南亚的市场通路。1895年，勐乌、乌得割让给法国后，法国对通过老挝销往东南亚的茶叶征以重税，甚至一度禁止茶叶通过，导致云南茶叶产量的锐减。

是时，中国茶已经被印茶压得喘不过气来。从1888年开始，印茶在出口额上，已经全面超过中国，如果法国人再深入茶区腹地，那么中国茶业的空间将会被进一步挤压，中国茶的摘山之利必将成为美国人口中的"稽古之词"。

晚清以来，西方国家为了在华外种植茶园，不断派发植物猎人到中国盗取茶种。在他们持续的努力下，华茶终成域外之物，这带来了影响深远的世界茶叶格局的变化，并延续至今。

这种观念，不只是在晚清，今天依旧在国人思维之中。

2007年出版的《普洱茶原产地西双版纳》，作者詹英佩在布朗山发出感慨，曼糯的布朗族与缅甸的布朗族炊烟相望，同样的民族，同样的生态环境，但缅甸没有古茶园，曼糯却有大片古茶园。因此她说，开辟茶园是车里宣慰使年代的经济发展大计，是一项国策，而对缅甸而言，则不是。

在《中国普洱茶古六大茶山》(修订版)前言，詹英佩说，清政府为了稳固南疆，安抚夷民，把六大茶山作为贡茶和官茶采办地，同时也将这里列为边疆政治改革的试验区。正是在清政府的主导下，六大茶山从封闭走向开放，从冷寥走向繁荣。在内地汉族和边地各民族的努力下，清中期出现了十万茶园以及十万大众繁盛景象。

詹英佩回应着梁实秋（1903—1987）在《忆故知》里的发问："不喝茶还能成为中国人吗？"站在曼糯，她提醒着我们："会种茶而不种茶也难成中国人。"茶园成为江山的界限，家国情怀就在其中，不喝茶的中国人也被视为一种不爱国的表现。

这并非一个孤例。

英国在印度种植茶叶期间，饮用印度茶而不是中国茶，同样被视为一种对王室效忠的爱国表现；等到了美国独立战争期间，美国人也号召抵制英国运输来的茶叶，不喝茶就是爱国的表现。

喝茶与不喝茶，都与民族、国家捆绑，茶叶原产地会与领土主权一样重要，汉学家朱费瑞也回应着这种茶与家国情怀的关系。

2012年，瑞士日内瓦大学汉学家朱费瑞（Nocoals Zufferey）在法国《世界外交论衡月刊》推出的6/7月份中国专刊里重刊了一篇文章《不爱喝茶的中国人能算中国人吗？》（Celui qui ne boit pas de thé peut-il être chinois？），这篇创作于 2004 年的稿子重发，迎合了中国崛起主题。

文章说，中国领导人寻找中外都认可的体现中国的民族身份的物品，茶叶是最理想的选择；因此，茶叶作为植物的发现历史以及作为国饮的历史，在中国都成为举足轻重的国家大事。

朱费瑞回应了中国与世界其他国家的茶起源论战，他说："中国人费尽心机要将茶叶的原产地定为中国，未免让人觉得可笑，尤其是中国人那义愤填膺的样子，给人感觉似乎争夺茶叶的原产地同争夺西藏以及台湾的领土主权一样重要。"

朱费瑞退一步讲，真正令人讨厌的不是这个，而是中国动不动就写自己有五千年的饮茶史，而这根本经不起考证。他注意到另一个现象，就是最近一些年，中国出现了大量介绍茶文化的书籍以及杂志，茶水被推上了国饮的地位，多个作者都把茶叶与中国的民族身份联系在一起。这个案例，像法国人与葡萄酒、苏格兰人与威士忌酒。

朱费瑞谈到其他玄机：饮茶文化是中国汉族与五十五个少数民族之间的纽带，中国人认为，中国的少数民族既然都饮茶，这就说明他们本来都同汉族是一家，都是炎黄的子孙；至于有些少数民族饮茶时添加别的佐料，这被认为是未完全开化、文明程度不高的体现，汉族人不加任何添加料的饮茶方式当然是最文明的方式。

朱费瑞的结论是：从今天中国的政治社会现状来分析中国茶文化的新兴现象，自从 20 世纪 70 年代末以来，中国政府逐渐打出了民族主义的口号，因此试图从中国古代文化中寻找可以发扬光大的因素，于是，孔夫子、茶文化等都被推上前台，作为失去道德准则的今天中国社会的替代物。

在文化中寻找自信，在茶中找到认同，确实是一个宏大主题。民族考古学家霍德的研究指出，因与邻族有激烈的生存资源竞争关系，居住在该族群边缘的人群，在衣着、装饰及制陶上严格遵守本族的风格特征。相反地，居住在民族核心的人群，在这些方面比较自由而多变。强调文化特征以及刻画族群边界，常发生在有资源竞争冲突的边缘地带；相反地，在群组核心，或资源竞争不强烈的边缘地区，文化特征则变得不重要。

中国古语"礼失，求诸野"，大约也找得到类似的解释。然而在当下的中国，茶以及茶产业，是相对比较弱势的。茶人的努力，着眼点往往在衣着的古意、事茶用品的传统、品饮空间的古色以及茶会的雅集范式。他们企图通过这样的一种呈现，对抗千篇一律的工业化面貌，也借此输出中国价值。

遍布在六大茶山之中的古茶园，被采纳最多的说法是在明代种植。许多人企图在那些残垣断壁中寻找更为古老的证据。在自然科学界无法为古茶树年龄下定论的情况下，人文学者从人类学、民族学、历史学、语言学出发，为那些古老的茶树戴上年龄的帽子：于是从 800 年到 1700 年，再到 3200 年，茶树的年纪每过几年就轮番上涨，以便对应那些不断"出土"的古老茶饼。许多茶树年龄今天都成为笑谈，昔日吴觉农倡导论证云南是世界茶树原产地的呼吁，至今都异常烫手。

锦绣江山，残壁断垣，茶只是伤痛的一部分，国人在茶杯中引发的故土怀念、家国情怀一旦浓缩在一杯茶之间，带来的影响也就不一样。

1895 年中法两国政府签订的《续议商务专条附章》和《续议界务专条附章》，法国人攫取了滇越铁路修筑权，并把勐乌、乌得划归法国，连同磨丁、磨别、磨杏三处盐井，云南五地割让的土地丢失了近 3000 平方公里。

当然，这一年清廷丢失的还不只是云南边境的大片土地，整个台湾都被割让给了日本，举国震惊。康有为等人"公车上书"，孙中山则领导了"广州起义"，严复发出了"救亡绝论"，谁能救国？或谁能自救？

割让领土之举，引发了边境上持续十年的抵抗运动，大厦将倾，国已非国，边地诉求无法动摇清廷的决心，自此十二版纳少了领地，而大片茶园也尽落入他人之手。勐乌、乌得的茶农不服从法国人的统治，砍伐了许多茶园，迁徙回到版纳境内。

中法谈判后仅仅两年，1897年，法国就在思茅（今普洱）成立领事馆，思茅被开为通商口岸，对茶叶出口课税。茶山之利，终落外人之手，陈荣昌的担忧成为现实。

1898年，光绪帝下令各省成立茶务学堂，学习日本和印度制茶。

1913年，云南民政厅长罗佩金在发给省议会议员的报告中说：昔年中国茶畅销俄、法等国，现在销路遇阻，反而落后于日本，主要原因是中国茶制作粗糙，不如日本茶精美。这样带来很严重的后果，传统红茶、龙井受到影响，云南的普洱茶、宝洪茶也跟着遭殃。于是他建议派四个人去日本、中国台湾学习制茶法，再派两名去爪哇，通过学习再兴滇茶。

1913年，云南派出朱文精、陈洪畴、张相实等到日本静冈学茶，回国后，朱文精、陈洪畴等人创办了云南茶叶实习所。1924年，云南"模范茶园"成立。如果比较其后中国茶叶股份有限公司在云南的作为，朱文精他们这一代可以说并没有完成实业救国的使命。

1937 年 5 月 1 日，以实业救国、茶业救国为目标的中国茶叶股份有限公司在南京成立。这是一家由各个省级分公司组成的集团公司，然而当时云南并不在重要茶区的名单上，中茶公司主要基地是安徽、湖南、湖北、浙江、江西和福建。

云南茶区并非被意外发现，而是迫于不得不到云南发展后才成为中茶公司重要茶区。我们从云南茶业发展的历程也可以看到这点，到了清代，才开通最后一个茶马贸易之地，到了法国、英国入侵西南，云南价值才一次又一次被发现，而这一次，中国面对的是日本的全面入侵。

1938 年 9 月，云南作为备选茶区，中茶公司董事长周诒春派出郑鹤春和冯绍裘来云南考察，他们对云南大叶种的肯定让中茶加快布局，在云南资本大家缪云台的支持下，12 月 16 日，便火线成立了云南中国茶叶贸易股份有限公司。

1939 年下半年，湖南、湖北部分茶区被日军占领，茶厂全部停产。这导致与苏联签订的外销合同，根本无法执行，只有取消。

1939 年 6 月 9 日，国民政府行政院长孔祥熙签发训令显得非常着急："茶叶为我国对外贸易特产，且为易货及换取外汇之重要物资，所有全国茶叶改良、产制、收购、运输及对外易货各项事宜，自应统一管理，以专权责。兹责成中国茶叶公司办理，并指令该公司总经理寿景伟主持其事，仍由贸易委员会督导进行。财政经济、交通两部及产茶各省政府均应随时予以协助。"

云南茶区正是在这样的背景下，中央与地方政府合力，进入高速发展时代。

1939年，顺宁茶厂生产了500担"滇红茶"，出口香港。1939年5月，宜良临时制茶所组建，主要生产绿茶，主打国内市场。1940年1月1日，中国茶叶贸易股份有限公司佛海实验茶厂（即勐海茶厂）成立，范和钧任厂长，当年生产了红茶93担、绿茶39担、圆茶400担、紧茶1000担。

问云南茶之于中国的价值，倒不如问云南之于中国的价值。要知道，正是在"国将不国"语境下，云南要素才被释放出来。

抗战期间，在重庆的学者重提"华夏西来说"，也有学者论证四川是华夏起源地。按照当时的情境，这是一种不得不发出的声音。庄蹻王滇之说往往被置于云南地方史显要位置，都能找到合理的解释，这种选择性遗忘以及重提，往往别有深意。

1943 年云南省主席龙云在《新纂云南通志》里说："滇为边陲，为西南屏障，气候温和，物产丰富，自抗战军兴，既发动全省人力物力为捍卫之资，而战后之建设则无论于文化、于经济、于农矿工商各种生产事业，必将以滇省为复兴之要地而无疑。"近代形成的国家民族观念有别于以往，确切地说，是两次世界大战之后，才有现代意义上的国家概念。云南之于中国，地方之于中央，有必要在一部地方史书上做出学术意义上的回答。

　　在《新纂云南通志》另一篇序言里，卢汉写道："云南，古荒服地，俗称僻远。然俯瞰中州，雄据上游，有高屋建瓴之实，自庄蹻王滇，以始皇之强不能夷为郡县，汉武当全盛之时，威震四夷乃得抚而有之，武乡侯将北征必先定南中，以为根本；迄于有唐四夷宾服，中叶失驭，遂使南诏称雄，凌转巴蜀；宋不敢有论者惜之；元人问鼎中原，首取云南以扼其背，明小腆亦据之以延祚者十余年。云南虽僻远乎，语其形式关系大局之重，为何民国以远护国之役，尤以一隅系全局安慰，抗日之师亦以云南为反攻基地。历观往事，云南讵可妄自菲薄哉！"

　　从中国地图来看，云南是边陲之地，但从世界地图来看，云南则是亚洲板块的中心之地。时任昆明市市委书记的仇和，在 2010 年长江夏季论坛上所做的演讲说："云南是亚洲的地理中心，昆明是五小时航空圈的中心……38个国家都在云南周边。三十年河东三十年河西，三十年沿海三十年延边，吉林对朝鲜，甘肃对外蒙，新疆对中亚五国，西藏对尼泊尔，云南对南亚、东南亚、西亚、南欧、非洲五大区，23亿人口占全球1/3，市场多大？107个国家，光南亚、东南亚十几个国家，集中全球华商的70%，华商资本的90%，合作的潜力有多大？"

"所以正在构建的南北方向的国际大通道，有泛亚铁路、泛亚公路，还有深圳到广州，到南宁，到昆明，到缅甸、孟加拉、巴基斯坦、伊朗、伊斯坦布尔的通道。亚欧大陆桥使我们沿海外贸能够少走很多路。你分析一下，9%的海运，74%通过海运和台湾海峡才能进入印度洋，才能辐射东非、北非和欧共体，如果直接进入印度洋呢？所以南北方向国际大通道，亚欧大陆桥提升了云南的区位。所以站在北京看云南，遥远边疆贫穷落后，但是在地球外看地球，云南是改革开放的前沿。"

这是在云南大力推广桥头堡战略背景下的演讲，如果我们闪回20世纪30年代，会发现历史学家陈碧笙（1908—1998）也是这么看云南的。1938年，他在《伟大的云南》里说："我觉得云南很伟大，理由是：第一，对内的，我以为云南可能是中华民族抗战复兴的根据地；第二，对外的，云南应该是中华民族向南进展的根据地。"

早在 1934 年，陈碧笙就认为："要保中国，先保西南；要保西南，先保云南；要保云南，先保滇边。这一类的话说到了民国二十四年，实地考察边地时。有一次路过双江，遇见了一位云南殖边工作同志——双江县县长兼简师校长的李文林先生；畅谈之下，他坚约我在他所训练的未来殖边干部前作一次演讲，当时的演词当然不大记得了。最近由缅甸回来，在友人处看到了双江简师所出版的《边地丛书》。原来他们已经把我那一篇演词，连另外好几篇文章印成了一个单行本，名字叫作《云南边地与中华民族国家之关系》，里面不折不扣地写着我数年前对于抗战形势的一段预言，这就是：'我们要保全中国领土的完整，收复已失的国土，不能不与侵略我们的敌人——日本拼命，要与日本拼命，不能不先建设两广、四川这两个根据地，要建设两广、四川这两个根据地，不能不先建设根据地的根据地——云南！'"

茶一直在，云南一直在，我们最有兴趣的是，我们为什么要重提这样的历史？晚清以来，中国人过得太累，成为马克思所言"只能通过别人再现自己"的那一群人。

（作者 2014 年 5 月 8 日在两岸四地茶文化高峰论坛上的主题发言，后选入《茶叶江山》）

14

西宁：茶马古道与内陆边疆

虽然你们现在可能经常听到"茶马古道"这个词语，但是二十年前是没有这个词的，这是二十年前我们研究所（云南大学茶马古道文化研究所）所长木霁弘和其他人在做一个学术考察之后得出的学术概念。他们在考察之后得出这样一个结论，就是在我国西部，有一条因茶而诞生的道路，就是"茶马古道"。经过二十年的发展，茶马古道已经从一条学术概念变为一个很庞大的遗产。

我为什么屡次到这里来？2009年以来，我们对以青海为中心的茶文化遗产调查从来没有中断过。因为从公元7世纪开始，在青海日月山下就开始了茶马互市，这远远早于官方的茶马贸易，这是我们从史料里面看到的，民间贸易的时间点远远早于官方贸易，公元7世纪就有了一些确切的关于日月山下茶马互市的记载。经过一千多年的发展，就形成了我们今天所说的内陆边疆，它与茶叶有着非常重要的关系。

从 18 世纪至 19 世纪开始，茶在欧洲被称为"东方仙草"，它与孔子、丝绸等并列为东方的三大梦幻元素，这与清代大一统有非常重要的关系。正如我写到的，茶叶可以很大，也可以很小；可以很温情，也可以很惨烈。怎么来理解它呢？小的是性情爱好，你可能喜欢喝茶，这个和你喜欢喝可乐是一样的，它是一种个人的性情爱好，它一旦与国家、民族相连起来就变成很惨烈的东西。茶与民族、与国家挂钩，茶就是攻城利器，这个要怎么理解？因为传统意义上的鸦片战争就是一场茶叶战争。

刚刚介绍的"茶马古道"是一个学术概念，经过二十年的发展它演变为一个文化符号，一个文化遗产。这个是木霁弘先生他们二十年前创造的一个学术概念，许多文章你们都可以在网上找到，我写过一篇文章，是关于茶马古道二十年的话语权演变的过程的，我们最近三年所做的主要课题是因茶形成的一个疆域，我们称之为"茶叶边疆"，这个疆域是因为南茶北上带来的。

央视拍过一个纪录片《茶叶战争》，谈的是清王朝叩关以后长驱直入。明代就比较明显，从明代茶叶就开始奠定了一个我们今天看到的版图，当然了，晚清之后我们的版图也有一些变化。从北宋时期的版图来看，我们今天所在的地方属于吐蕃人的，我来的地方，大理国也不属于中央王朝，实际上我们这一大片区域都不在传统的中原里面。

魏晋南北朝时期北方游牧民族强大的时候，北方的游牧民族还笑话说，你们不喝奶，茶是奶奴。其实饮品之间也是有竞争关系的。我觉得茶是不可替代的，你要找其他产品来替代它的时候你就会发现成瘾之后就没有替代性。这也是一个它在精神层面的重要性。

从清代的版图来看，这个疆域不但囊括在里面了，而且变得越来越大。这个跟茶叶有很大关系。我们以后可以看到一些学者很细致的研究。那么茶叶为何会有这么神奇的力量呢？从日月山茶马互市开始，从公元734年在立碑划界开始，这里就变成了一个制高点。唐之后，历代王朝都在这里进行争夺：宋代在这里设立了西宁茶马司；明代的后蒙政权，俺答汗，黄教与西北边疆联盟，达成了藏蒙联盟；清代，经过熬茶布施，把满、藏、蒙三大族联合起来，于是形成了我们今天非常大的边疆。这个非常重要。我们今天之所以看到那么大的版图，和这三次熬茶布施的关系非常大。

这个观念很有意思，我2012年在咱们《青海民族研究》发过一篇论文，也是在谈茶叶边疆，这是《永乐大典》的主编解缙提出的一个观念，他就说，茶为什么重要呢？因为它连接着华夏与藩篱，在礼仪层面上，茶起到了这个作用，在中心与藩篱的层面上，茶所到的地方就是我的边疆所到的地方。在明代，以茶治边的观念从头到尾贯彻得十分明显，从明太祖朱元璋开始，当时在西北，他的女婿司马仁贩卖私茶，被处以极刑，全家都被砍掉了，一点都不徇私的。

除此之外，我还讨论到一点，就是它在宗教信仰层面的性质。这个很要命的。整个中国的茶史，从陆羽开始，寺院是在兴茶的。茶叶是在寺院广泛地饮用之后才推广到大众的。其实在西北也可以看到，寺院喝茶之后，在唐代，引领潮流的除了文人、士大夫之外还有僧侣这个群体。高官、文人都喜欢和僧侣交往，饮茶这种活动就得到了自上而下的推广。

在藏传佛教之后就变成和宗教仪式相关的，即便你不喝茶，但是你需要用茶来事佛。在我的老家，别人知道我喝茶，过年前要祭祀祖先的时候会来和我借茶。我们儒家在祭祀里重酒，寺院里多用茶，俺答汗当年信黄教之后向明廷多次请求通贡，他的最重要的理由就是说我需要事佛之茶。这就体现了一个很有意思的事情，在他的信仰体系里面，茶叶是不可缺少的东西。当然，在生活里面也有这些东西。

有一本书《中国的亚洲内陆边疆》，它谈的很重要的一个问题就是游牧民族为何不游牧了，以前游牧民族的唐卡等物品是随身带着走的。有了寺院了以后，寺院就成了不动产，你不能把寺院搬走啊。而且寺院控制着牛羊，有了很多资产之后，这些东西搬不走。当然，你要走也可以走，但是你都没有财产了又能怎么走啊？当年蒙古族每年欠大盛魁的茶可以抵七万多只牛羊，当年康熙、乾隆甚至早在明代，要过来打蒙古。但是你怎么打？连人都找不到。康熙年间几次都找不到，茫茫大地你怎么找啊？

在研究整个佛教东渐的过程中有一个现象你们可以关注一下，早些年的行脚僧，比如济公，你给我什么我就吃什么，因为没有财产。但后来寺院有了产业之后，就变成了一个庞大的遗产。从19世纪80年代禅宗在西方流行之后，他们把寒山作为禅宗很重要的宗祠。在《空谷幽兰》这本书里面有一个观念，要找中国隐士，要到有好山好水和好茶的地方。为什么在西方会形成这种观念？其实我们今天也会有这种观念。

茶是物质的，但它同时也是精神性的饮品。从贾谊时代开始，叫"五饵论"，孔子那套理论在民族交往中是很没用的。那么，要怎样吸引别的民族与我们交往？那就是给它好看的、好听的、好穿的，在心理上它就会对你有一个向往。其实我们今天学习美国，在文化上面都是这样的，你向着我学习，慢慢地在文化上倾向一个大同。这是我在《青海民族研究》上发表过的《从俺答汗求茶看茶在明代的地位》，这篇论文成为我对整个西北的切入点。我年前在福建电视台讲的一个《庚戌之变》，这个视频在优酷上有，有六集。就是为什么我们会形成茶叶的边疆，是因为中国有一个内循环系统，日本有一个学者叫滨下武志，写了一本书叫《近代中国的国际契机》，这本书主要谈的是以中国为中心的朝贡贸易制度。以前的研究范式上你们经常会看到一种"西方中心主义"，这种西方中心主义是怎么来的呢？实际上是一种冲击——反应模式，滨下武志做了一些反驳。

他就认为我们的衰落不是因为西方打我们，而是我们自身内循环系统的衰落，比如日本、俄罗斯这些原来以天朝为中心的贸易体系的崩溃，导致中国的衰落。当然，任何一种范式都有它自身的局限性。

我们用茶马古道的方式来解读它的时候，会有另外的一些区别。茶叶在晚清，构成了我写这本书的重心是，为什么茶叶至晚清，整个晚清那么多有志之士都认为茶能治外夷呢？赵翼谈到茶叶作为我们国家独有的植物，可以说是控蓄的。林则徐、魏源、曾望颜等这些非常优秀的人才，他们所有的论调都是这样的，为什么他们会形成这样一个共识？

乾隆年间和道光年间，在鸦片战争之前，也就是道光早期，做了很多计划，他们以茶制夷是成功的，乾隆对俄罗斯的贸易制裁，是非常有趣的。

俄罗斯当时在恰克图就连续关闭了三次市场。乾隆就认为我们有茶叶，俄罗斯需要茶叶，需要大黄，但是我们不需要你什么东西。俄罗斯对中国的主题贸易是毛皮，这个跟皇帝是贵族是满族有关，那些满族的贵族都喜欢皮毛制品，他们的开销大头是皮毛，但皮毛我们也有啊。他把茶叶切断，俄罗斯立刻就范了，俄罗斯就认为不能得罪大清王朝——因为一旦得罪它就得不到茶叶。道光年间对安吉仁的制裁也是这样的。安吉仁是现在的乌兹别克斯坦，道光对当时的整个贸易采取闭关，而闭关之后安吉仁就什么也得不到，马上就范了。

茶叶是唯一性的，因为它的特殊生长环境，它超过北纬39.5度之后就不能再生长，这导致了青海市不能移植茶叶。

到晚清之后，茶叶就从另一路到沿海发生了变化。明代的时候我们国家的整个边防中心，主要是在西北，少量的倭寇在沿海，不是打不死他，而是为了要经费——大家也都经常看电影，就那么几个倭寇，怎么打也打不死，因为打死后他就没经费了啊，就因为这个理由地方每年向上面要经费，这个是很有意思的现象。重心在西北部是因为西北部民族众多，各种政权林立。到了晚清之后，因为英国人来了，政府就把重心从西北转战到了沿海。这时的整个世界格局发生了一个很大的变化。海洋文明开始冲击内陆文明。

我们今天看1840年的鸦片战争，实际上就是茶叶战争，最初的茶叶出入导致了英国的贸易逆差。有一个很多人不知道的细节，林则徐到广州禁烟的时候，他带着部队去收缴鸦片，但是成效不大，最初只收到了四箱鸦片，但是第二天他就收到了一千多箱。是什么原因导致这种收缴成千倍增长呢？是因为林则徐提出了一个很重要的策略，就是你给我一箱鸦片，我兑换你五斤茶叶。这段历史一般书没有讲到过，这是很重要的一段历史。后来鸦片战争赔款，赔的就是这些茶叶钱。因为你承诺给我，我交了两箱鸦片给你，按道理你要给我多少茶叶。鸦片战争后来的所谓赔款，其实赔的都是茶叶钱，而且这边出钱的这个人是广东十三行的，他是福建武夷山的，他做的也是茶叶生意。就是说这个东西做的就是茶叶的生意，要的是茶叶，出资人也是茶商。整个鸦片战争并非是鸦片的原因，茶叶在里面起到了决定性的作用。

这些是从西南角来看的。正因为我们有这个以茶制夷的思想，历史上也很成功，英国人当时已经喝茶上瘾了，如果中国真的把茶叶当作重要的物资不出口，不卖给英国人，它也担心会因此受制于中国。所以英国人从玛尔戈尼斯特访华开始就不断地派植物学家到中国来，盗取中国的茶种，但实际上茶叶就因为它自身独特的生长特性，英国本土是没法种植的。意大利后来在西西里岛少量培植成功了，但是之后他们在印度，就发现那个地方比较适合茶叶生长，就不断地派植物猎人来到中国，其中最著名的是罗伯特·福琼，美国的发现频道就专门拍过一集叫《茶叶盗贼》，讲他到福建啊舟山啊不断地盗取茶种的一个过程。从 1888 年印度茶全面超过中国茶开始主导世界，今天也是如此。现在英国有个很出名的茶叶公司——立顿公司，它今年的销售金额是330 亿美金，我们中国所有茶叶销售额才 200 多亿美金，一个国家的比不上一个公司的销售额。因为西藏的原因，从1888 年开始它超过了中国后，为了实行战略，英国对西藏发起了两次入侵战争，1888 年的第一次和 1896 年的第二次入侵。为什么要入侵西藏？因为西藏是个现成的茶叶市场。之后的整个大吉岭（大吉岭以前属于清政府管辖的一个地方），被当年英国人打下来之后全部变成种茶叶的地方，那些民族都没有了，这也是很可惜的。1840年的鸦片战争，是中国衰落的一个起点。

15

双江：茶叶新低度

他们带我穿越黑夜，陷进松软土地，与清风打趣，和细雨缠绵，躺入星月怀抱，与山河同眠。

那一天，我们邀请他们走出木屋，告别烟熏，放下去茶园的冲动，来与我们一起坐一坐，聊聊生活、希望以及苦楚。

他们叼着烟，穿着拖鞋，从皮卡车、摩托车上走下来。他们很羞涩，很拘谨，第一次，他们在论坛喷绘上签上自己的名字。一开始，他们以为是来听别人的高谈阔论，来接受教育，来学习……但一入门，他们就惊呆了。他们发现桌子上写着他们的名字，需要很用力才可以拉开座位，小心翼翼地坐上去。

直到轮到自己发言，他们才可以确定，自己才是这场"双江茶业论坛"的主人公，那些远道而来的专家、学者，是来听他们的声音、记录他们的表达的。

《茶业复兴》和津乔普洱联合主办的双江茶叶论坛，图为津乔普洱的掌门人杨绍巍。他语出惊人主导的一系列参单，给这个品牌注入了很多新话，茶和品随后的示未。

过去的数年，我参与了太多高大上的论坛，被贵气、概念、资本、美女、烈酒……所包围，助长了欲望，弄糊了大脑，写坏了笔头。今天，我坐在这里，终于感觉到力量又从地下涌上来，我有再次动笔书写的念头——那可是一天30多页笔记，写干钢笔墨水后，不得不从远处借来一瓶墨水。

那一天，我谈了"茶叶的低度"。低到土壤里，低到茶根，让双脚与地气相连，好好想想我们做茶的目的是什么。我们不远千里，孜孜以求的茶是不是已经变得面目全非？从茶园到茶杯出现的巨大鸿沟到底是什么造成的？而从茶杯到茶园，我们是否过分地要求这块土地做出改变？

一个痛楚的事实是，教他们施肥的是那些人，教他们不要施肥的还是那些人。

教他们砍树的是那些人，教他们不要砍树的还是那些人。

教他们不要喝古茶树的是那些人，教他们喝古茶树的还是那些人。

曾经，茶叶只是他们生活的一部分，现在，茶叶快要变成他们生活的全部。如果只有茶，又如何？

一些人家，甚至连玉米都不种，连猪都不养，连动物粪都要从千里之外运来，才能满足有机茶的全部语境。

他们无须学习别人，他们只要重拾自己的生活，就可以创造出耀人的典范。

到勐库东西半山走一遭，我们便会发现从眼、手到心的三位一体。在坝糯，在懂过，我们所见的茶园，才是真正的茶园，绝大部分地方的茶园，不过是茶林而已。

儿童在那里嬉戏，大人在茶园采摘，祖先的灵魂就在他们身后。我第一次见到茶园有那么多坟茔群，它们与茶园共在。云南大部分古茶树保存完好的地方，都是信仰的胜利，我们在景迈山可以感知到，我们在贺开也可以感知到，在勐库，我们重新感知灵魂，审视内心。

一片片藤条茶茶园，给予茶树的不只是雨水，还有汗水，要经过多少双手，才能抚摸出这宛如垂柳般的枝条？要许多少心愿，才可以搀挽着走完那片茶林？要流多少眼泪，才能让那些灵魂得到安息？而我们，要多少杯水，才能品出雨水、汗水，以及泪水结晶而来的那一片叶子？

如是我闻。

（2015年4月作者出席双江茶业论坛所写的感言）

16

昆明：云南茶的未来

十多年来，云南普洱茶的崛起与高速发展正成为中国农产品发展史上最令人称道的奇迹，普洱茶带来的示范效应还在持续被人传颂与借鉴。2007年的那场普洱茶崩盘风波逐渐被人淡忘，很少会有一个产品，在被数次宣布"死亡"后，还能绝处逢生，迎来下一个全新发展期。

这十年间，普洱茶产值提升了上千倍，公司有数千家，从业人员超过千万，普洱茶相关的产品正呈几何级增长，许多茶厂从默默无名一跃成为茶界的标杆企业。本土诞生了像大益茶、七彩云南庆丰祥、龙润茶这样的大公司，也出现了像兰茶坊、海湾茶业、澜沧古茶、六大茶山、蒙顿、茶马司、永年太和这样后劲十足的企业，更多小而美的公司正在特色的路上狂奔，它们活跃在电商、超商以及我们目所能及的街头巷尾，拉动着数以亿计的消费群体。

大家关注的仅仅是，普洱茶到底有什么魅力，能让它经历从巅峰跌到谷底后，依然发挥着巨大的消费与投资热情？或者说，与十年前相比，普洱茶到底在哪些方面还在继续吸引着人广泛参与？

　　普洱茶原料大额上涨以及大益系产品成倍涨价，成为2013年春天云南茶界传播最快的消息。一个与山头有关，一个与品牌效应有关。

　　与2007年一样，2013年首先撬动普洱茶市场神经的，还是各大茶山的原料价格。从3月开始，云南茶区诸多茶山的原料几乎一天一个价，从几千一路狂飙到上万，与龙井茶价从几万掉到几百形成鲜明对比，普洱茶茶山大有来晚了连茶汤都蹭不到喝的趋势。令人遗憾的是，茶山留下了太多被茶汤烫伤的人。但与2007年有所不同的是，2013年明显理性占据了主流，那些炒作茶山大树纯料的人，已经有了明显的分化。

　　五年前，炒茶大军被普洱茶高涨的短暂局面冲昏了头脑，炒到整个普洱茶区无茶可收，连一些外省的茶料都被火线运往云南，混迹在普洱茶中。2013年这一波山头料风波并没有吸引本土龙头企业的参与，他们连上山的心情都欠奉。山头原料与茶厂的分离构成 2013 年最为核心的故事主线，诸如雨林茶行这样专业的原料机构的大量出现，加上原料发烧友的海量上山，都助长了纯料大树茶的价格疯涨。据我所知，有十来批上山收茶的散客，他们以均价 5000 元每公斤收购了至多 50 公斤的茶叶。而更多的散客，消失在我们不可见的山头，他们人虽然离开了，但茶价却在统计学上为我们提供了某种参考和思考方向。

我们甚至可以下一个并不武断的结论，来势汹汹的高价原料市场，第一驱动并非来自质量——这屏蔽所谓纯料普洱茶有多好的口感，而是某山某地的纯料在理论上容易控制，可以形成垄断，一旦垄断，资本市场就有利可图。

悄然之间，普洱茶的品牌效应被山头效应取代。大益茶涨价的背后，很难排除受到原料上涨的子因，但其品牌运作模式恰好与山头料形成一个有趣的互印，因为如果按照这样的发展路径，再好的品牌也有被抛弃的时刻。一旦形成了用大树纯料就等同于普洱茶成品好的观念后，对于许多走拼配和台地茶路线的企业是不利的，对整个云南茶业发展同样弊大于利。

一直以来，大树茶的比重在普洱茶产业中占据了很少的分量，其消费群体更是极为稀少。但消费市场往往会形成一个悖论，你越追捧一个东西，就越难享受到。假货泛滥其实会进一步削弱真货的影响力，如此下去，会导致真货也变成假货。因为大量假货引导的市场最终会取代真货市场，历史上有许多这样的例子。俄罗斯人最初喜欢武夷茶，但茶商给他们湖南茶，最后导致他们接触到真正的武夷茶，反而认为其不真。在天津，日本茶冒充华茶；在西藏，印度茶冒充华茶，都取得了市场。

今天随便一个人都可以去普洱茶山买原料压生饼，工艺早不是什么秘密。晒青技术比起其他茶类来，确实相对简单，容易操作。但完成茶饼，普洱茶才走上第一步，还有储藏等非常重要的环节，普洱茶近十年受到追捧，最根本的一点，就是普洱茶独特的后发酵价值——随着时间的推移茶味会呈现出口感多样化层次化的特点，但现在原料市场，其实是预支了今后的时间成本与储藏成本。我并不看好，许多人并不懂得怎么储藏，多年来我目睹了太多好料变成粪草的例子。

但新兴的消费群体对此一无所知，才会导致劣币驱逐良币的情况。一个重要的原因是，普洱茶还处于认知成本太高的阶段。对于非产茶区来说，要去识别一个大茶区的茶都很困难，更不要说去识别一个山头的茶了。再说，在理论上，任何一种茶树都能做成六大类中的任何一款茶。但为何不能做呢？主要是地理保护。我们现在用的原产地保护概念，源自法国人对自身葡萄酒的保护准则。

2013年5月2日，普洱的景迈山被国务院公布为第七批重点文物保护单位，与此相关的还有云南许多茶马古道遗迹，这是茶与茶马古道首次出现在文化线性保护遗产的视野，势必也为普洱茶的发展和提升起到推波助澜的作用，就像法国葡萄酒园遗产与红酒关系一样。云南省正在打造的普洱庄园理念，正是全面学习法国红酒行业的产物。

这是一个全新的普洱茶发展理念，我们要打造一个与健康有关的产业链，是在普洱茶有利于人类的健康的前提下进行的，但首要的是普洱茶的发展和消费要健康和良性才行。

所幸的是，云南省已经调整了过去十年以普洱茶发展为核心的战略，回到了十年前，有红茶、绿茶、普洱茶和花茶等多样多层次茶业格局。后普洱时代，云南不仅仅是普洱茶的理性复兴，还有红茶、绿茶等也在不断丰富着云南的茶产业。

（2013年作者在云南茶产业发展论坛上的讲话）

17

南昌：茶馆力量

从格兰云天酒店 36 楼急降，耳朵一阵发疼。

失聪的感觉与从海拔 1800 米的昆明到 700 米的南昌相差无几。

大落差的状态，我不甚喜欢。宛如茶价、人性。一碗水，纠葛太多。

对面就是著名的滕王阁，多少年来，因为王勃的一篇序言，它活在汉语的奇迹中。

一地一物，往往因为一人而显得不同。

张卫华与他的泊园老茶馆也会如此吗？

短短的三年时间，泊园老茶馆一跃为江西的文化地理坐标，带来了一系列江西茶馆的复兴。白丁会掌门人王亚菲说，张卫华让他们看到了向上的力量。自从江西成立茶人会以来，这位召集与调度能力极强的老板被召集到协会担任秘书长。"义务打工！我一个月只有一两天在自己的茶馆，大部分时间都在忙协会的事情。"

这是一个讲究开放与协作的组织，在每个会员单位设立了专职秘书，参与统筹江西茶界的许多工作。"抱团发展才有出路。"老张说。江西茶茶业整体一般，但茶馆做得令人侧目。在南昌茶馆的引擎下，九江等多处的茶馆也加入到联盟。

在南昌，我们的时间只有两天。所以一下飞机，就被安排到四五家茶馆考察。

壹品轩，泉水与琴音，青砖白线之间，获得清冽之感。别出心裁的茶席，普洱茶的异地风貌，可口的茶点，又把人情绪妥帖地放置到熟悉而安全的地带。

百家珍茗茶馆呈现的江西名茶——宁红、庐山云雾、狗牯脑茶……我第一次喝到了宁红、庐山云雾、狗牯脑茶这些江西名茶，这是因为绿茶在中国有着极强的区域性特征，每个产茶区都会有自己特别的绿茶，加上茶人少有互换场的交流，茶人识茶也变成一项庞大的工程。就在我们抵达江西之时，遂川政府正在北京邀请唐国强为狗牯脑茶做代言。当时人戏言，因为唐是毛泽东的最佳扮演者，这多少会让人重新认识江西于中国的地位。

泊园古琴香道馆观摩研香与焚香，当然，更重要的是闻

张卫华的泊园老茶馆，还经营茶人服、香道等，事香的女孩子
江玉琴，年轻得令人妒忌。

香。所谓香茗，现在的已经被有效地做出了区分，香是香，茗是茗。让大家饶有兴趣的是，事香的女孩子江玉琴，年轻得令人妒忌，安静、从容得看得到茶性之容貌，我们把大把的时间用在为她拍照。环境让人坐下来，而人又让环境变得与众不同。

茗茶天香为一对姐妹花所开，她们都是皈依者，为茶与舞蹈、歌声注入了感恩内容。茶馆在2009年开业，正赶上国家四万亿救市，门口一直在修的地铁，如今也快通路了。她们的茶馆也取得了不俗的业绩，一度把狗牯脑茶卖断货。李乐骏在微博上说："老粉彩万寿无疆盖碗，泡上庐山云雾。这泡茶，来自庐山一寺庙山门前，观赏着茶艺师特别准备的感恩舞蹈，感受着一家温馨别致的茶馆。"

一叶阁，我们去的时候赶上停电，但随行的女孩子很喜欢这个地方。这里不像一个茶馆，更像一个艺术品收藏室，三四米的高巇石清流，飞檐亭台冲击着视觉，让人顿生在此了余生之念。

楼上还藏有郑板桥茶联墨迹、一诚法师手录心经、南昌书画院历任院长的作品以及古玩瓷器、明清家具……

毛泽东的画像就挂在品茶室的中央位置。茶室主人金先生（@晴虎）父子两代都为毛泽东做过不少画像，我也是第一次留意到，不管从茶室的哪个角落看，都会被领袖的目光所关注到。让大家饶有兴趣的，是革命老区强大的话语力量，井冈山、庐山传达出来的意象，往往不会令人联想到政治之外的其他东西。也因为这样，与这里许多茶人的交流中，我们也会常听到许多这样的词汇：组织、抱团、协同发展……星星之火可以燎原，江西茶馆的规模与示范效应确实提供了可以学习和借鉴的空间。

茶是我们一路谈论的话题。

在飞机上，我与李乐骏就《三联生活周刊》的茶专刊展开了激烈的讨论。其内在的逻辑令人非常困惑，从日本茶道到中国茶道，是一种传承还是一种递进关系？在日本与中国台湾，茶之于茶人似乎是一种精致化的生活常态，但在大陆，茶生活居然变成一种需要守护的行为。简而言之，我们茶人很苦，海外的茶人很愉悦。无须多言，仅仅几张照片就可以看出。我们的茶人，一个沉浸在故纸堆中，一个还活在 20 世纪 80 年代，他连袖口的标签都来不及摘下。

编辑的意图，是让我们反思，还是通过比较后，获得知耻而后勇的驱动力？不得而知。

茶带来复兴，不只是茶。

茶所承载的，是与中国传统文化相关联的一系列元素与雅文化。确实，我们在江西茶馆，看到营造者对一砖一瓦的挑剔，对中华名茶的细致遴选，对茶馆生活的善意恢复——泊园老茶馆还布置了一个戏台，在这个空间里，充满书籍、字画、瓷器以及其他古玩。

茶界常言，人在草木间，很诗意。但老张说，我们要摘下那个草帽，才能看到蓝天。

也许还需要穿上茶服。

茶人服是泊园老茶馆自己投资的一个项目，江西茶馆多家都已上装。在张卫华的构想中，茶服应该出现在每一个有茶的地方。让茶人有自己的服装，好比为好茶配好水、配好器一样，只是这一次，主体不再是茶，而是人。

南昌紧挨瓷都景德镇，无论 CHINA 来自瓷，还是茶，都足以让江西人有着比他地更令人骄傲之处。茶、瓷、丝是中国对外输出的三大物质，由此诞生了茶马古道、丝绸之路与海瓷之路，张卫华悄然之间把没落的丝绸置换成了茶人服。

人才是最吸引人的。因为，无论是在微博，还是微信，大家讨论最多的，还是江西茶界之人与美人。

18

厦门：笔记本的魅力

魏耀欣说，当他看到张列权那个茶事漂流本时，眼泪没有忍住掉下来。

茶事本，是一本很普通的本子。

茶，是漳平水仙。

张列权是漳平人。

但上面记载了全国各地茶友的喝茶感悟，多是草根。

他们用更常用也更权威的网名来书写喝茶的感受，用的都是很专业的词汇："高香""亮黄""甘醇"……更认真的人，还进行了盲评，标明序列号，细化投茶量，择水，精选好天气……来自四川、云南、青海、西藏、浙江……老张说，只剩下台湾这个地方没有人在这个本子上漂流，但台湾茶人范增平多次造访此地，也留有墨迹。也许老张是渴望形式的统一，在每个地方，品鉴者、书写者都会盖上邮戳，一些人还贴上了邮票，遇到一些较真的邮局不给加盖，茶友们就自己画了一个圈上去。

除了茶评，也有茶友们的才艺展示，书法、绘画、篆刻……

"这些人，一些是我在晚甘园玩的茶友，一些是三醉……"现在老张大部分时间都在微博和微信上认识人，他注册了十来个账号，以别人难以想象的精力来推广茶。营销专家徐方评价说，像张列权这样认真的草根，非常罕见，他几乎是用一种传教的辛苦方式来传播茶与茶文化。徐方为大企业做了许多推广，他今后的重心可能会转移到大众来。

无数的草根才是聚合大众的力量，我们甚至无法在统计学上找到一个答案——他们到底有多少人，又到底影响了多少人？

在茶界，我其实在看到许多巨人分裂。曾经随处可见的企业，也许一夜之间荡然无存，宛如它们一夜兴起。

张列权做茶会有两年，开始只是兴趣召集，后来发现没有主题，会让大家散漫到无所适从。于是从去年开始，他邀请一些茶界名家前来会友茶社，从台湾茶人范增平来了后，就固定了主题，还有专业的主持人，一个月一次。

我想起我另一个朋友解方，他在丽江，做过近 150 期

像章炳校这样对认真的学报、非常学识，他只于应用、持此授的
学普方式来代播学与学习传.

茶会。

在会友茶社和丽江平湖秋月茶馆，都有《海峡茶道》发给他们的各种奖状。在某一个时刻，他们邀约不同的人，喝着同一款茶……

茶为媒，正在悄然改变生活方式。

老张送我一本《寻韵奇兰》，汇集各地名人谈白芽奇兰。文字流露的情绪与情感和阅读张列权的茶事本完全不同，前者如湖上泛舟，满眼尽是美景，但人是人，茶是茶；后者则深入海内肆意遨游，茶与人完全交融在一起，有的只是你与海水搏斗的力量与勇气。

19

鼓浪屿：与茶艳遇

与贝一、见山、赵娴约好，会后上鼓浪屿。起来发现见山已经悄悄回杭州，贝一还在拥抱周公，顿时凌乱。赵娴宿醉早起，我们在宾馆等各路神仙。

二师兄林成业在我们离厦前招呼午餐，选在海边的一家泰国餐厅，一行九人吃饭，吃得好不愉快。

一年以来，我三次上厦门岛。喜欢这里的活力、热情与创新。以汇友茶社为据点，结识了不少爱茶之人，浮尘之中，我们用叶子与水来交换信息。我曾经很感慨地写了一篇文章，说厦门是中国做茶最好的城市。

确实，这次厦门茶博会，一个下午，有涉茶产业联盟会，有中国茶馆联盟会，有茶媒体联盟会，就茶博会展品来看，也是茶器比茶本身要多。我多次表达，未来中国，涉茶产业会发展得比茶产业自身快。教育啊、茶器啊、水啊之类。我热爱的男子，张卫华、欧阳道坤、胡加法等人各执掌一个江湖，做得风生水起，这样一来，我们的《茶业复兴》才不至于落空。

饭毕，去漳州的大部队已经上路，我们三人调换码头，贝一一直想海上冲浪。而二师兄，则说等若干年后，我们到这里来，可以坐着他的游轮看海。

花掉 1400 大元，租了一个游艇，结果上船就被警告，不能上金门岛，不能……水手善意地说，你们可以选择退票，也可以去投诉，他们声称自己与那些拉皮条的导游不是一路人。

事实证明，我们的身体是来自茶马古道，而不是海上瓷器之路。摇晃与颠簸让一切行为都看起来很愚蠢，贝一直言这是花钱找罪受。只有赵娴，那么安静，用笑靥来回应这一切。每次遇到她，都是安静的模样。昨天的会上，她最后一个发言。去岁在福州的读书会，她也是静静地坐在一边。

上了鼓浪屿，满大街都是新娘。这是一个新娘之岛，DC 用她们来证明自己的角度、眼光以及遮掩的本领，历史与阴谋在光线中被高度和谐了。

赵娴为我们找了一家客栈——芭厘，就在日光岩下，从大门出去向下走就来到海滩。大海景房有舒适的阳台，摆放了整套茶器，大海，被参天大树隔离在视野之外。偌大的床会让人想起滚床单的盛景，我们悲观地说，这些时日，都是与男人厮守。这样的大房间，只有装进一些记忆，才不负其昂贵的价格。

厦门茶营销会的主题，是围绕年份茶消费。上了岛，才知道，闭门百日，不如上街一扫。多年来，我第一次扫街，鼓浪屿到底用什么在诱惑我们？我与赵娴、贝一都觉得，是故事。赵小姐、张三疯、陈罐西、FBI调茶局都是在讲故事。这些故事最有趣的地方是，每个人都是编剧。赵小姐说的是民国故事，一个老祖母的故事。我们要了杯张三疯的奶茶，去赵小姐的店买了馅饼与凤梨酥，去陈罐西买了盒子，在FBI调茶局晃荡，最后在赵小姐的红茶书吧打尖，翻阅游客的时空记事本。

某女说，结婚四年后，逃到鼓浪屿。故事的高潮不是故事，而是后面的留言，他们很邪恶地说，你是来约炮之类，加上各种顶，各种续写，一个悲催的故事变成了喜剧。而当我再次回想这个故事的时候，2011年11月这天，这个成都女子的往事已经不属于她一个人。

在没有互联网的时代，酒吧的留言本、照片墙提供了社交与互动的可能，十年前我供职的公司，把这样的文字发扬光大，情感消费一旦放大，会产生巨大效果。这点，身处丽江的贝一会感受更深。

在红茶书吧，看到巴什拉新翻译的《空间的诗学》真是喜出望外。书架上有赵娴主编的《海峡茶道》，上有我写的《探茶边疆》。一个空间，因为这样千丝万缕的关系，每一个都找到自己的位置。女店员看我选这本书，就与我多聊了几句。这是一本刚到的书，她很怀疑无人识货，我说，其实巴什拉还有《火的精神分析》《梦想的诗学》，但我一直期待的，就是手上这本。

赵娴刚回福州，我少了搭讪心情。与贝一小坐，谈共识与触动，谈离别，明天我们再次分开。我们身处一个大变局时代，这个时代，是以否定的方式认识自己的。只要说出别人不是的时候，就明白了自己是什么。因为如此，我们的共识才更难能可贵。

也许，刺激到贝一的还有许多。同样是旅游城市，他看到了鼓浪屿不同于丽江之处。他决定多留一天，来更好地了解此地。

我想到巴什拉的一段话，其文说：

用一所房子的内部，需要一种真实的或想象的亲密感、隐秘感和安全感，因为生活经验似乎要求你这么做。房子的客观空间——墙角、走廊、地窖、房间——远没有在诗学意义上破赋予的空间重要，后者通常是一种完美，能够说得出来、感觉得到的，具有想象或虚构价值的品质。因此，一所房子可以令人心烦意乱，可以充满家庭温馨，可以像监狱，也可以像仙境。于是空间通过一种诗学的过程获得了情感甚至理智。这样、本来就是中性的或空白的空间就对完美产生了意义。当我们面对时间时，同样的过程也会发生。我们对"很久以前"开端结尾这样的时间表达所产生的联想，甚至我们对这些时间划分的认识本事、也是诗性的，也就是说，具有认识色彩。

20

重庆：我渡莺花

与我而言，对付绝妙佳境最好的方式就是，再去一次。

莺花渡，莺花渡。

莺花渡，莺花渡。

水从地底冒起。

花从衣袂展开。

竹滑指尖游离。

器比长物而生。

茶随炙水翻转。

人呢？

莺花渡，莺花渡。

人在花中，器下，水围，烟堵。

昔日的如花女子，在墙上，目送着踩踏铁板拾级而上之人。因为严寒期的提前，她们来不及卸妆，便被永远地囚禁在墙壁之间，周而复始地缝补着历史的温情。她们用一种靡靡之音诉说了所有的歉意，"你又在回忆着谁？"

莺花渡，莺花渡。

茶把我们拉回现实，娇柔的茶妹，优雅的女主，送来水的气息。

这是一个由土壤（陶瓷）、虫子（丝绸）以及植物（茶叶）精心布局的空间。

主人老冉说，魏自建（茶虫老光）的茶、刘工的器，被视为重庆茶江湖的两大绝杀。

前一次在这里领教老光的绝活，今天轮到刘工露利器。

老光烟酒茶全沾，刘工茶烟不分家。都爱，如何分得了？爱，有些人会称呼为坏毛病，但一个人，如果连点坏毛病都没有，又如何交往得？

莺花渡，莺花渡。

莺花渡，莺花渡。

有多爱？刘工随车携带的两大只箱子里，装满了竹器、陶瓷、茶叶、火炉、茶巾、水、瓜子、水果、花器……甚至还有纸巾，流动的茶席，就是为了满足随时会蠢蠢欲动的口腔。竹子有百年的、五十年的，最少也是二十年的，烧竹片可以连续二十四小时不眠不休。

不同的茶，换不同的器。建水的、龙泉的，样式也不一，盖碗、茶壶，刘工会在器物上留下自己的印记。把顺手不顺手（弄一缺口），出水快不快（出水口放大），做不做得到滴水不漏（研磨），有没有艺术感（画一个月亮上去）……他考虑竹刷细微用途，分出大小；茶锥分公母，只因男女有别；为竹夹上套，让它不会滑掉青瓷；他把铁壶摆放在左边，只为取盖出汤的速度感，在铁壶盖口镶银，难道是为了试毒吗？

工是工艺，他善于把汽车工程学的原理用到茶事上；工是工夫，他已经付出了大半辈子的时间。

刘工反感日本的匠气之作，他喃喃道，自己超越了其三百年。他致敬的年代，已经消失不见。冉总正在构建，我们正在构建，在这个断裂的时代，我们在一片"藏锋"普洱茶中结束文会，在一堆枯枝败叶中，总有脱颖而出的灵光，最终穿透雾霾，哪怕只是照亮这个夜晚。

21

深圳：茶人与茶人节

在我看来，茶人是一种身份认同。

我好几个朋友，在自己名字前面加上"茶人"两个字，表明了这样一种归属，自己与茶的关系，如茶人王心、泊园茶人张卫华、茶者李乐骏等。在新浪微博上，键入茶人关键词可以找到许多人，而关键词以及标签的提醒，会引导你认识更多的茶人。这是大数据时代伟大的一面，我们在茶中找到了彼此，找到了认同。这不是一个资格问题，而是一个自我认同。茶人是你给自己的命名，无须别人认可。

由央视纪录片《茶》引发的茶人讨论，并没有带来分化，反而让更多的人因茶而团结得更紧密。首播当日，在昆明召开中华茶馆联盟会长会议的茶人，集体观摩了这个影响巨大的纪录片；在微信上，其他茶人也怀着激动的心情参与评论。所以卫华兄说，这像茶人过节。在上海的老罗倡议成立一个茶人节，得到我们许多人的附议，我受命写一封倡议书。

如你们所知，许多人都是说了就算，但我们当真了！

杨文标积极推进，数次问我要方案。我在江西访张卫华期间，与李乐骏等人一起完成了倡议书，文字出来后得到了崔怀刚兄等人认可，之后才有在杨文标主持的深圳茶博会期间启动后上面的事。

你看，我们没有想那么多，没有想到我们的资格配不配，没有想到我们算不算茶人，我们只是一群爱茶人，热心推进每一件对茶有益的事情。

我们把老罗的每年拉动三个不喝茶的人喝茶，以及王琼的下午三点喝茶，当作最重要的两个诉求，消费基数以及饮用频率是我们最迫切需要解决的，这是茶人节最为核心的要义。邓增永博士希望加入健康等要素，还有许多朋友提出许多真知灼见，特别鸣谢。

茶人节加不加前缀并不重要，是中国的还是世界的？这不是我们要解决的问题。我们如果认同茶人兴则茶业兴的理念，那么一切都好办。

需要指出的是，那些把炎黄当作自己祖先的人，你们考虑过蚩尤后代乃至其他非炎黄系后代吗？茶有着多重民俗学上的起源，单云南就有许多茶祖，你们非要逼着大家认一个，这是何道理？

我们发起中国茶业新复兴计划以来，遭遇最可怕的问题就是，你们有什么资格发起？

我们喝的是茶，不是迷魂汤。

哪怕是迈出一步，我们都会看得更远。

过去的两天，我经历了新生与离世的两个极端，对生命有了全新的认识。就在我用手机敲打这段文字的时候，我的妻子还关心弟妹的情况，我们为那个夭折的孩子悲痛不已。而刚才，她还问我，为何别人生孩子后还能健步如飞，而她要在我小心地搀扶下才能慢慢前行？那个新来的姐姐，两个小时生完，十个小时出院，她哂然道：不就是生个娃吗？

十月怀胎，每个人的感受都不同，生为男人，我永远都无法体会那种疼痛。

茶很古老，但发展产业如生孩子。

我们需要更多的担当。

22

重庆：一场知识型的高端茶会要怎么搞

六大茶山与《茶业复兴》联合在重庆做了一个知识性茶会"六山寻查"，引爆重庆茶界，大家感慨这场茶会宛如当天的下雨，来得及时。当天，有52位老总放下繁忙工作，从不同地方赶到三闲堂茶馆。

从策划到组织这场茶会，前后不过一周时间。是茶的魅力，还是人的魅力？我们不得而知。

只是，茶在不同的地方，有不同的况味。即便是同一款茶，也会受海拔、气温、泡茶手和参与者影响而呈现出不同的滋味。那么，一场知识性茶会到底如何办，才能达到传播茶文化知识的效果？

一、产品要好，品饮基线成型

六大茶山带到重庆的产品是"六山三味"，分为"苦品""甘知""无明"，统称

"三味茶心"，是 2015 年云南六大茶山茶业股份公司重磅推出的明星产品。此款产品于 2015 年 5 月 14 日在昆明举办过一场小型品鉴会，深得品鉴专家的欢心，他们为"三味茶心"调出了品饮基准线。

原料全部来自大热门的贺开茶庄园，"苦品"有着明亮的汤色，一苦到底的秉性。"甘知"细腻平和，回甘生津明显，"无明"香甜得不像话。三款茶同品，在滋味上清晰界定，这是六大茶山的一大创新，也是他们主打消费型普洱茶的强烈表现。

普洱茶需要与昨日的自己比较，也需要与今日的它们比较。喝的人，也会在这样的比较中，发现自己的喜好。

二、现场专家要好，引导方向很重要

在专业品鉴中，一张品鉴记录表的设计非常重要，每一个空白点，都对应着海拔、温度计、湿度、温度、投茶量、冲泡次数以及冲泡时间，冲泡人都会影响品饮基数。

此次活动，现场指导专家张俊，是六大茶山研究院院长、前云南省农科院茶叶科学研究所所长、著名的"紫鹃"之父、普洱茶顶级的品饮专家。阮殿蓉是云南六大茶山茶业股份有限公司董事长、百年俊昌号传承人，现就读于清华大学金融EMBA，著名的"普洱茶皇后"，市面上多数明星茶的缔造者。蔡昌敏是此款茶的一手缔造者，她熟悉茶从树到料，再到饼的所有过程。李扬是"普洱茶香气分析"的深度研究者……

他们都在现场，他们从不同角度完成了品饮基线的调式，并在现场为品饮者提供各种技术支持。

三、与谁为邻，提伸自己的战斗值

品鉴会开始，随机抽号入座，熟人秩序被打乱，品茶安全感降低后，只有逼自己的小宇宙爆发，才会有超强的战斗力出现。从一开始，品鉴活动群就惊现"学霸哥"，虽然他坦言他的认真，起初是因为左右都有美人在座，但不可否认这样的动力造就了一张不俗的成绩单。

戴军说：之前参加过很多茶会，来的人参差不齐，喝到一半就感到索然无味。张阳则惊呼：这哪里是喝茶，是逼着大家进步啊。陈婧感受到了喝茶的压力，每一泡都要调动感官，闻香，探味，赏汤，一连十泡啊！

正如张俊在一开始就说的：你们能看到的，要调动全部感官。你们看不到的，要充分感受，比如，茶韵和茶气。

四、能否延续，持续做下去，也很重要

年前我做过一次调查，访问了100多位茶人，在他们参与过的茶会中，有延续性的不过一两次。在这场调查中，10人以内的小型茶会居多，超过30人的较少，过100人的超大茶会更少。茶会最大的问题在于受制于活动经费，要不要向参与者收费是一个大问题。

在如何搞茶会这个问题上，大家操碎了心。我想我们可以为产业提供一种样本和范式。

六大茶山品质分析研究中心（六大茶山与《茶业复兴》联合）成立以来，已经连续举办超过20场专业茶会。从昆明外移重庆，是在寻找和观察不同地区、不同海拔、不同温湿度等外界因素的变化下，选用相同品鉴方式冲泡出来的茶叶的变化；水与茶的交融，让更多爱茶惜茶之人掌握和了解茶叶品质，更好地服务六大茶山的合作伙伴以及消费者。

23

昆明：我为什么要亮出茶业复兴的旗帜

《茶业复兴》最初的构想，写在厦门机场的登机牌上。

2013年4月，我刚从厦门拜访汇友茶社友人回来，来不及丢下包裹，就与太俊林一起到宁洱试茶。

我们每次聚会，都会萌动许多想法，与许多人不同，我们都是积极行动者。有好的想法，睡不着觉也要完成。那天深夜，两个人坐在普洱茶厂宿舍前聊天，微风静夜，虫鸣蚊和，我点烟驱逐蚊虫，他数点普洱茶发展的历史，说到动情处，我们都不能自持。

这些年，我们一起举办过百年普洱品鉴会，一起谋划了普克产品，一起出版了《茶叶战争》和《茶叶秘密》，他问我，还能不能做点别的？

太俊林的师傅是吴树荣，第二天就要来与我们汇合。吴树荣家的陈春兰是茶界的奇迹，这家唯一的百年老茶店，有着最正宗的古董级普洱茶，吴氏普洱茶理论也是珠三角影响最大的理论。我看得出其中的渊源，陈春兰出品的茶中有远年，而太俊林的有永年。

我喜欢有故事的人，更喜欢有故事的茶，一个有故事有想法的人，会带动一群有故事和想法的人。我们曾经的书、曾经的杂志，现在的《茶业复兴》微刊，都在为影响去做事。哪怕是有一个人在其中做出了选择，有了改变，我们都认为是一件了不起的事情。

茫茫大海，落入了一片茶叶，它会改变海水颜色吗？

但那一夜，我们有了要复兴中国茶的想法。之后，我辗转到南昌、景德镇、武汉，等我回来，接着就是结婚。我常常与张卫华、李乐骏和贝一几个开玩笑说，一入南昌轨迹改。遇到这群人，许多事情也在逐一变化中。

2013 年 5 月，《茶叶秘密》出版，在普洱召开的国际茶业大会上，为书作序的云南省副省长沈培平到普克展位为大家签名售书，他留言鼓励我和太俊林继续为文化传播努力，也对我们要开展的茶业复兴计划大为赞赏。茶叶省长，对茶有着太多的热爱。

当日,王心又建议我们先落地一个传播平台,他的微刊已经有5000多粉丝,我6月到深圳参加茶博会,萧秋水也大谈微信的前景,于是8月开始,《茶业复兴》全面改版,作为中国茶业新复兴计划的一个传播平台正式亮相。

2013年6月,张卫华召集了部分茶人到庐山开会,此举成为2013年茶界最重要的转折,此次会议孵化出了中华茶馆联盟、华茶青年会等多项民间组织。

《茶业复兴》招募到的第一个义工是支离子,现在他正式成为《茶业复兴》的重要成员。周红海在我们最需要帮助的时候,每个月拿出费用来支付支离子的工资,并多次帮我们解决了许多问题。崔怀刚、聂怀宇和阮殿蓉等人,在得知我需要养家糊口的时候,果断承担起我与家庭的生活费用。崔怀刚甚至把自己的得力爱将李明忍痛给我,他说,在《茶业复兴》上,李明会走得更远。他还说,能帮兄弟们过上好的生活,为什么不去帮帮呢?

聂怀宇曾说,当你的朋友需要你物质帮助的时候,你却鼓励他努力奋斗,是多么不可理解。

阮殿蓉说,我们相识十年,这十年中,你一直都在为茶业奔走,《天下普洱》你写我,《普洱》你写我,但我为你做得太少，但现在我要来帮你，也帮《茶业复兴》。《茶业复兴》是一个大家的事业，她为此斥资百万。

在一个夜晚，我与杨泽军赖着不走喝酒。说起十年前，他拉我入茶界的情景，回顾这十年的变化，忍不住落泪，现在，他要回到茶界，开始自己的新茶人之旅。

在武夷山，我与张卫华、李乐骏为一个新点子彻夜未眠。我们看到理想，也看到希望，看到一个可以呈现美好的瞬间，为此，我们不懈地努力。

也许什么都会过去，但情义不会。

就在昨天，2013年采访我《茶业复兴》的马雨濛正式加盟到《茶业复兴》，如果加上长期来帮我的秀秀、卓玛以及其他两位义工，我们也可以骄傲地说，我们有了一支很正式的编辑队伍。

就在今天，我收到来自张卫华、崔怀刚、杨泽军以及太俊林等人先后发来的消息，他们都愿意帮我承担起小伙伴的柴米油盐酱醋茶。

我们草创需要一个地方时，是曾汉与陈临军拿出近480平方米的办公室来让我们无偿使用。在这里，我们接待了许多来帮助我们的人，聂玉霞、吕建锋、阮殿蓉、小景，CoCo……许多人把他们的茶与器送到我们茶室，让每一个爱茶人都在口舌中找到自己熟悉或陌生的味道。

我想说的是，朋友们，感谢你们。我来不及一一点名致谢，但你们的脸孔掠过我眼前，那些事、那份情，我深感荣幸。

这一年，我结婚生子创业。我唯一愧疚的就是，我躺在床上的妻儿和老家的父母，既未尽人父之责，也未尽子女孝道。细点那八万公里的里程，又如何及得上一屋子的温暖与茶饮？

在《茶业复兴》，大家说得最多的，就是我们是一家人。黄琨、林晓虹等许多人，把我女儿当作自己的女儿。而更多的人，已经把《茶业复兴》当作自己的事业。

今天，让我们坐下来，饮尽一杯茶。有你，有我，有大家。

《茶业复兴》，欢迎茶人回家。

（周重林 2013 年 12 月 31 日下午 5 点草就）

母亲的锥子

很小的时候，母亲就教导我们，要学会一门手艺活，这样即便时局再艰难，世界再多变，生活都能过得下去。她是一位多才多艺的人，小时候，我们的衣装、鞋帽都是她亲手缝制，那台生产于 20 世纪 60 年代的缝纫机，是她的嫁妆，至今还能作业。

她的针线包，总随身携带着，随时准备为我们的衣裤纽扣加固。都市生活里，她的设计不再适宜，于是母亲放弃缝纫机，专门为我们制作毛线拖鞋和鞋垫。她说，拖鞋在家穿，鞋垫在鞋子里，这些都不会影响到你们外面的形象。

母亲是做豆腐的能手，她的豆腐作坊，为我们上学提供了经费。四五年前，她把点石膏的手艺传给了一位婶婶，她多次遗憾地说，我的两位姐姐没有继承她的衣钵。我在昆明的楼下，有一家卖豆腐的，每天能赚四五百元，为此她也遗憾过。

我考大学的时候，她希望我能上医学院，一是她多病，二是医生是一门手艺活。我终究也还是辜负了她，但我告诉她，其实写字如同她做豆腐和纳鞋垫一样，也是一门手艺活，我也能靠这门技能过上好生活。

我第一次发表文章的笔名，用的就是"锥子"，到现在我也在用"锥子"来完成作品命名。从1998年开始，我以zhuizizhou为名，几乎注册了所有我喜欢逛的网站，我甚至告诉朋友，用这个前缀发邮件，任何一家供应商我都可以收到。

这大约是我与母亲最深的联系，穿着她做的鞋子或鞋垫，一起用锥子来编织对生活的态度，母亲要保护的是来自她身体的那部分，我要保护的是来自内心的部分。

三十多年后，我会想到那个曾经年轻的母亲，在火光中的情景。我们一起围在柴火旁边，在熊熊的烈火照耀下，母亲一边给我们讲故事，一边纳鞋。她手中的锥子不断来回穿梭，我们的眼睛就在火焰与锥子之间移动。

我一直知道，锥子是怎么一把有用的东西，即使是年轻的母亲，也要依靠它来节省力气。锥子，温柔地刺进你的心里，在你还没有意识到的时候，它早已经抵达你最柔软的部分。

于母亲而言，锥子的作用远不止于此。她每年要用锥子划开地里的苞谷外壳，取出玉米，那是我们一年的口粮。母亲还在老家师宗。每天喂猪、养鸡，空了去地里看看庄稼，看看那些碗口粗的树木。

我有五双鞋子，每一双都有母亲亲手做的鞋垫，在衣柜里，还有20多双未穿。也许等我下一代长大成人后，也能分享到母亲手掌的温度。十年前，我进入到普洱茶界，锥子再次成为我的伴手礼，我要用锥子来撬开压制紧凑的普洱茶，放入精美瓷器，引入明亮泉水，换得满室清香。

母亲的锥子，有手掌的温度，让自己的孩子能够不惧外界寒冷，勇敢地立于天地之间。而我这把锥子，要缓和我与世界的紧张关系。因为有母亲，我总是从善意的角度来看待这个世界。

肆意得像个才子

这是一本迟到的书！却也是我的第一本独立茶学作品，写作时间跨了十四年。

出版过程跳票两次，猫猫书店两次预售，两次被迫下架，实在对不起这提前购买的1000多位读者。有人愤怒地质问说：再不出就要上门来斗人！

有人选择默默地退单。大部分人还是继续支持我，默默等待。昨天，广州的一位朋友说，他翻记录的时候，才想起来，他怀疑我是不是漏发了。

有人把准备买书的款投进股票，亏了，他把这笔账算在我的头上！他原本计划购买600本的。买这本书的时候，有人还是女孩子，现在结婚变妇女了。有几位妇女，比如杨超、王淼、柳叶儿都挺着大肚子了。她们抱怨说，怎么比我们生娃还难啊？

真是岁月如水，时光如梭，才半年多时间啊，那么多改变。

我对不起大家。我多次想把书稿撤回来自己出。在这等待的时日里，我与李明合著的《民国茶范：与大师喝茶的日子》都快出版了。

　　可是，就在昨天凌晨，出版人冯俊文半夜把我叫起来，说书号下来，下周要进印厂了，他还写了长达2000多字的颂词。他回顾的许多细节提醒着我，出书并非易事，要卖好一本书更是难上加难。

　　在段勇找我在华中科技大学出版社出版《茶叶战争：茶叶与天朝的兴衰》之前，有不下10个编辑联系过我要出，首印量没有一家超过8000册，版税没有一家超过8%。还有人要作者包销2000册。那个时候，我觉得是一种羞辱。是段勇挽救了这本书，不然，我可能会在不得已的情况下，草草出版。

　　作品从来不是孤立的，它需要优秀的出版人，需要读者，需要好的运气……

　　我在新星出版社出版的《郎骑竹马来》，销量用惨淡来形容毫不过分，尽管现在已经绝版了。出一本书，不过几千块钱。写却耗费了两年时间。

　　现在，许多人看我满屏幕炫耀，到处去签售，以为是一种成功臆想症。其实不是的，我很清醒。书的畅销，需要运气。运气！你不可能知道哪本一定会大卖。

即便是《茶叶战争：茶叶与天朝的兴衰》与《茶叶江山：我们的味道、家国与生活》加起来的销售有几十万册，它们距离百万峰值依旧有距离；即便是现在，我或许有那么一小点成就，助长了一点点虚荣心，我依旧觉得一切多么不容易。

我看重《绿书：周重林的茶世界》，不仅仅因为这是我第一本独立的茶学作品，还在于，我看到了自己的成长。从初学茶到现在，十几年过去了，我看到茶最为精彩的一面。毫不脸红地说，在这本书之前，没有任何一本茶书会把茶写得如此有趣有料。里面的很多单篇，像"装13"系列、"大师"系列在社交网络浏览量超过了千万，无数的抄袭者与模仿者紧跟其后。这些年，从写《天下普洱》算起，昆明这个地方从找不到20个可以聊茶的人，到全城都在谈茶，我亲身经历了茶生活在当下是如何徐徐展开的无数现场。别人有茶，有场景，我有笔，我的这些私人化、个性化的记录，也可以为以后的研究者提供一个历史的现场。

五年来，我认真地签名，到处去讲课，逢人就推销自己的作品。我想，如果连这点微薄的虚荣心都撤走了，我写书还有什么动力呢？所以，我从来不掩饰我通过写作获得名声的想法，也从来不掩饰通过写作改变生活的决心，因为除了写作，我别无所长。

十多年来，我总是被一个梦境困住，梦境里，我待在师宗一中补习班，在堆满书籍的桌子下，做着模拟试卷。1995 年，我去师宗一中报到的时候，学费是 400 元。那个是我初三毕业后，在一个露天煤矿装车近两个月的全部收入。高中语文老师杨康泰先生发现了我的写作才能，每次作文课都念我的文章，他鼓励这个年轻人走上写作道路。

那个时候，这些话有什么意义呢？有意义。他鼓励我，不要忘记自己是拥有才能的人。大学时候，许多老师鼓励我继续写作。我的大学写作老师李森，时常把我的作品推荐给他认识的编辑，现在我们还在一起喝茶、聊诗、谈读书。好几个夜晚，他为我们朗诵诗歌，朗诵他新出炉的作品《屋宇》。有一天上午，只有我一个听众，他依旧手舞足蹈，拉长了调子，他的诗、他的"漂移诗学"、他的勤奋，一直深深影响着我。那些场景，美好得如同另一个梦境。

我们创业公司的几个小伙伴，都是研究型的人才，上得了泥泞茶山，入得了高深知识殿堂，我们每天都会交流看书与写作所得，七个人一年花费在买书上的钱，高达四五万。我们会有困惑，但从不迷茫，我们确信自己在创造有价值的东西。事实上也是，《茶业复兴》自媒体，不过三年时间，已经成长为茶界影响力最大的媒体之一。

《绿书：周重林的茶世界》，写了许多事，也写了许多人。有些人没有具体名字，坊间一直在猜测，以至于在新浪微博引发了对号入座的争论，这是我没有想到的。还有人拿着我的文章，去找到笔下的人物，结果发现她更美，他更好玩，这都与我无关了。

那么，《绿书：周重林的茶世界》将会是我的一个新起点。

因为，它足够肆意。我所有的写作的才华，都展现在其中。

2016 年 10 月 30 日于昆明

图书在版编目（CIP）数据

绿书：周重林的茶世界 / 周重林著 . – 厦门：鹭江出版社，2016.10
ISBN 978-7-5459-1269-2

Ⅰ . ①绿… Ⅱ . ①周… Ⅲ . ①茶文化 – 中国 – 通俗读 物 Ⅳ .
① TS971.21-49

中国版本图书馆 CIP 数据核字 (2016) 第 265261

LVSHU: ZHOUCHONGLINDECHASHIJIE

绿书：周重林的茶世界

周重林 著

出版发行：海峡出版发行集团
　　　　　鹭 江 出 版 社
地　　址：厦门市湖明路 22 号　　　　　　　　邮政编码：361004
印　　刷：山东临沂新华印刷物流集团有限责任公司
地　　址：临沂市高新技术产业开发区新华路　　邮政编码：276017
开　　本：787mm×1092mm　1/32
印　　张：13.25
字　　数：200 千字
版　　次：2016 年 12 月第 1 版　2016 年 12 月第 1 次印刷
书　　号：ISBN 978-7-5459-1269-2
定　　价：68.00 元

如发现印装质量问题，请寄承印厂调换。